U0937597

戴文峰◎编著

九型人格

台海出版社

图书在版编目（CIP）数据

九型人格 / 戴文峰编著 . -- 北京 ： 台海出版社，2020.7

ISBN 978-7-5168-2453-5

Ⅰ . ①九… Ⅱ . ①戴… Ⅲ . ①人格心理学一通俗读物 Ⅳ . ① B848-49

中国版本图书馆 CIP 数据核字（2019）第 228971 号

九型人格

编　　著：戴文峰

出 版 人：蔡　旭　　　　封面设计：八　牛

责任编辑：王　艳

出版发行：台海出版社

地　　址：北京市东城区景山东街 20 号，　邮政编码：　100009

电　　话：010 － 64041652（发行，邮购）

传　　真：010 － 84045799（总编室）

网　　址：www.taimeng.org.cn/thcbs/default.htm

E-mail：　thcbs@126.com

经　　销：全国各地新华书店

印　　刷：北京兰星球彩色印刷有限公司

本书如有破损、缺页、装订错误，请与本社联系调换

开　　本：880 毫米 ×1230 毫米　　1/32

字　　数：180 千字　　印　　张：7.5

版　　次：2020 年 7 月第 1 版　　印　　次：2020 年 7 月第 1 次印刷

书　　号：ISBN 978-7-5168-2453-5

定　　价：39.80 元

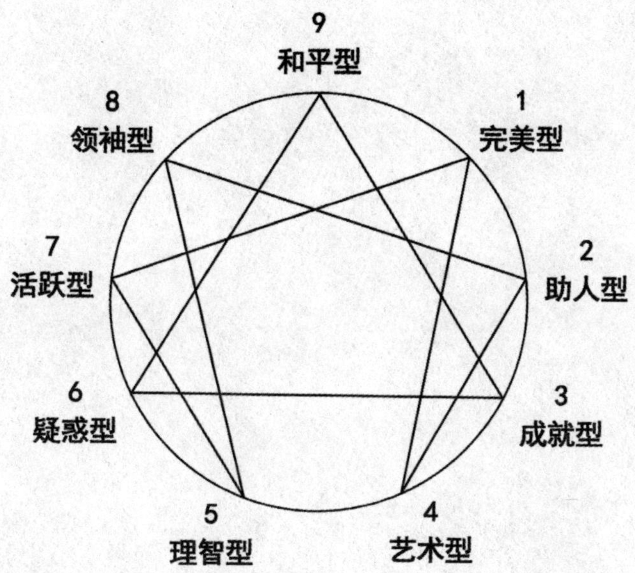
9
和平型
1
完美型
2
助人型
3
成就型
4
艺术型
5
理智型
6
疑惑型
7
活跃型
8
领袖型

序

在中国有这么一句古话："三岁定八十。"就是说一个人三岁时所展现出来的性格，很可能会影响到这个人一生的成就和生活。

虽然我们不能否认这句话的确是有夸大的成分，但是也足以从此看到性格对人生发展的重要性。正所谓："习惯形成性格，性格决定命运。"

不得不承认的是，性格学科的发展一直以来都是社会最缺乏的。直到现在，依然有无数职场人一直致力于"认清自我，了解他人"，他们缺乏科学且系统化的性格学，对性格学始终知其所在而不得其门径。

因此，在长达数个世纪中，有无数的科学家和心理学家对性格学尝试着钻研与理解。事实上，性格学也因此而被蒙上了一层神秘的薄纱。

在这些性格研究中，九型人格分析法对于每个人认清自我都有着显著的效果，尤其是对人与人之间的交际更是有着十分积极的推进作用。

有资料显示，早在公元前2500年的古巴比伦帝国就已经出现了九型人格学，这套在当时罕有的系统性格学科风靡了整个人类社会。如果按照心理学的起源推算，九型人格分析法可以算是世界上最早的性格心理学之一。

九型人格的英文学名叫Enneagram，其名字来源于两个希腊词汇ennea和gram（grammos）；ennea代表数字9，gram代表图形。因此，九型人格也可以称为“九柱图”，后来为了统一规范，被称为“九型人格”。

在14世纪，九型人格分析法被苏菲教派用于管理，当时的九型人格分析法被看作是帮派的“商业秘密”，只能由每一任的族长口口相传。直到20世纪初期，著名的心理学家乔治·伊万诺维奇·葛吉夫方才将这种神秘的性格心理学吸收过来，通过实验将这套学术系统地记录下来，并在西方普及。

而如今，这门学科也渐渐融入我们东方文化之中，其对于人类性格的归纳让大部分人都能够从中了解到真实的自己和他人。在九型人格中，每一种人格群体都反映了他们内在的恐惧和追求，并且通过了解九型人格我们可以避免成为性格的“奴隶”，甚至还可以通过对自我的认知成为情绪和性格的主人。

比如说，像是疑惑型人格者便可以了解到自己多疑焦虑的性格源于恐惧，事实上许多疑惑型人格者在了解了这部分内容后，都能够成功地将恐惧化作勇气：由于恐惧，他们学会了未雨绸缪，也学会了提升自我来面对未来。

在这本书里头，我们对九型人格进行了一次系统性的梳理，并且对九型人格性格的分类进行了大部分的描述。在每一部分的最后，我们准备了一系列的自测题帮助你重新认识自己，使你能够更好地掌握这一门学问。

CONTENTS

第二章 二号助人型人格——冰冷世界里的温暖

第三章 三号成就型人格——现实成就中的追崇者

延伸篇　九型人格的翼型理论

第一章

一号完美型人格——追求完美的苦行僧

在生活中，我们经常会遇到对人对己都高标准的人。

如项目已经按计划完成了一大半，可他却始终盯着那些未完成或是完成得不够好的部分，并且将其当成整个项目的败笔；又如大家都在工作上勤勤恳恳，可某些人却因为地板上的一小块污迹而絮絮叨叨……

不过，可不要以为他们都是为了刷“存在感”而在鸡蛋里挑骨头，其实他们眼中的世界本来就容不下一丝瑕疵。他们大多都以自己最得体的一面示人，并且愿意耗费心血将工作做到极致，他们容不下身上的一丝污迹，甚至无法忍受身上的一点赘肉。

他们不仅严于律己，而且对身边人也要求严苛。在他们的心里有那么一套秩序，认为所有的事情都能够通过精益求精的方法去做到最好，甚至有时候会达到吹毛求疵的地步。

没错，这就是我们要说的第一号人格——完美型人格，天生的大局观与旺盛的执行力是他们最大的特点。虽然严苛的生活习惯可能会让他们倍觉疲惫，可实际上这一类人格的人往往都是一些领导者或者是成功人士，严苛的生活态度使他们往往成为时代的先行者。

完美型人格的人通常有如下表现：

人生信条	没把事情做到极致，就是最大的失误
基本认知	生活就是需要不断的自我提升
深层恐惧	害怕出错、别人对自己的建议不以为然，害怕事情失控
性格特征	逻辑性强，完美主义者，雷厉风行，对他人有控制欲，自律性高，凡事喜欢跟心中的最高标准做对比
积极信号	愿意为生活质量而改变，并且甘愿以“孺子牛”的身份带动团队进步。完美型人格做事黑白分明，具有崇高的理想，并有着把任何事情做到极致的毅力
消极信号	过分吹毛求疵，做事只考虑对和错，以极强烈的控制欲影响他人，固执死板，待人处事不宽容
处事风格	认真、严肃、对心中的美好秩序无比推崇
最佳职业	疑惑型人格

性格长成：苛刻童年中的超越者

完美型人格者的童年是被苛刻要求的，或者说他们整个童年都身处于充满期盼的环境里。因为，他们大多数人在小时候会因为所犯的小小过错而遭到长辈的责备。

心理分析大师弗洛伊德曾经在著作中提到过：一个人童年时期的经历虽然会随着时光的流逝而逐渐被淡忘，甚至在意识层中消失。

但这些记忆却会顽固地潜藏于潜意识中，对人的一生产生恒久的影响力。

不难看出，童年时受过长辈严苛责备的完美型人格者由于害怕遭到无理责备，所以他们尝试着像大人一样思考与行动，大部分完美型人格者在童年的时候就已经出现了“超龄”的思维与举动。

童年经常受到责备的完美型人格者为了让自己远离责备，往往会强迫自己关注身边每一个细节，对任何小小的瑕疵都无法容忍。同时，为了尝试脱离过去生活中曾经所遭遇的种种不合理因素，完美型人格者会试图制定一套更加严苛的行为规范，并且要求自己严格执行——这就是大部分完美型人格者追求完美的根本原因。

完美型人格者的思维方式相对狭隘，他们有一套独特的行为规范，使得他们很容易便掉入了“非黑即白”的思维模式之中。

比如说，对于一个完美型人格的孩子而言，如果考试没有考到第一名或是 100 分，那就是一次失败的经历。

为了成为一个完美的人，他们从小就学会了如何压抑情感与本能，将注意力都放在自己与他人的期盼中。一开始，他们被环境要求成为一个完美的人，后来他们为了躲避环境的责备而进一步在自己身上创造了另一套更加苛刻的完美机制，不断地鞭策自己成为更好的人。

性格初探：彻底的完美主义者

完美型人格者能够敏锐地察觉身边所有不完美的小瑕疵，甚至他们对自己身上的不足也都心知肚明。因此，他们很多时候会尽可能地修补身边以及自身的瑕疵，以最完美的姿态去面对生活。

栗子小姐便是典型的完美型人格者，她平日处事严密谨慎，能够将领导交托的工作完成得井井有条。而且，擅长数据分析的她能够迅速找到公司发展上的不足，因此她在入职半年后便得到了领导的赏识，被晋升为企业战略部主管。

在正式晋升之前，栗子小姐利用业余时间了解企业文化与近几年来的发展轨迹，就连周末大家休息时她也要求自己像平时一样身穿职业装回公司，然后埋头钻研前几任部门领导制定的发展战略。

在那段时间，她报读了几个课程，并且大量阅读了关于发展战略的相关书籍。她认为成为战略部主管后自己必须要为公司未来发展制定出完美的战略方案，带领公司在短期内占据足够多的市场份额。

对于这次晋升，栗子小姐的内心并没有太多的喜悦，她觉得，这次晋升的意义除了是对她工作能力的肯定之外，更多的是另一个新的挑战。

从这个故事我们可以看到，完美型人格者内心有着一种严苛的批判力量，这股力量不断促使他们去完成“正确”的事情。他们并不在意当下的自己是否快乐，因为他们认为只有把事情都做好了才是真正的快乐。

我们在生活中，也经常会遇到不少跟栗子小姐一样宁可放弃周末玩乐的机会，一头扎进自己未完成事项当中的完美型人格者。事实上，他们大部分的时间跟精力都用于自我提升以及工作当中。

完美型人格者在健康的状态下具有许多优良的品德：他们严于律己、做事一丝不苟，而且为人勤奋努力，具有很强的原则与进取心。但在日常生活中他们经常会给人吹毛求疵、不懂变通的坏印象，尤其是当他人的意见与其相左的时候，完美型人格者会想方设法找出他人意见中的瑕疵，然后强迫别人遵循自己的想法。

这就是完美型人格者，他们总是遵循着内心对完美的追求，严格对待身边的人和事，认真地按照自己内心的秩序去试图改变世界。

职场攻略：规矩的制定者

思考：完美型人格者在职场上真的会铁面无私吗?

完美型人格者在职场上有十分重要的价值体现，其严密谨慎且富有责任心的工作态度使他们在事业发展上有很大的突破。然而，完美型人格者在职场上所展现出来的严谨与原则同时也经常让人叫苦不迭。

完美型人格者在职场上的表现可以说是让人又爱又恨，

一方面他们严厉苛刻的工作态度与工作要求会给予别人巨大的压力，给身边的同事造成烦忧；而另一方面他们正直勤奋的工作态度却又让人对他们不知不觉地衍生一种莫名的敬意。

“严于律己，一视同仁”是完美型人格者在职场上最直观的体现，他们除了要求自己在工作上做到极致之外，对身边人也有着极高的要求。在他们看来，那些高要求不过是工作的常态，若是他人无法按照他们的标准做事，完美型人格者的心里便会产生不满。

因此，在职场上许多人都无法跟完美型人格者和谐地共事，而且完美型人格者对他人的苛求与对细节的注重经常让他们被贴上吹毛求疵的标签。

在完美型人格者面前请遵守规矩

原则与底线是完美型人格者在职场上最看重的部分，他们对规矩与承诺十分重视。在他们眼中，规矩是通往完美的主要途径，因而他们经常以“规矩的捍卫者”自居，并且对于那些胆敢挑战权威的人采取“宁杀不放”的态度。

李洋是某企业的销售精英，平日擅长与各种客户打交道的他常年占据部门销售业绩榜的前五名。然而，当公司换了销售部经理以后，李洋的日常工作开展却像是被绑住了手脚一样。

比如说，有一次经理在整理报销发票的时候发现，李洋上交发票中有一项与客户旅游的开销。于是，经理立马找到李洋进行谈话，并且对他这种行为进行了批评。

对此，李洋大叫冤枉。虽然这种做法不符合公司规定，但李洋的前领导们却一直默许李洋以这样的销售方式开拓业务。只是，新来的经理觉得这种行为不符合公司规矩，对此不予以报销，并且立即在部门一再重申严禁出现员工与客户私下交往的情况。

也许对于李洋来说，这位经理的做法实在是过于刻板，但是在完美型人格者看来，制定下来的规矩就必须严格遵守，员工的工作态度相比起他们的能力更加重要。

曾经有一个完美型的管理者如此描述“规矩”：我重视规矩，因为所有的规矩都是通过无数人的智慧凝结而成的体系，以规矩约束自己的行为可以让我们的工作效率提高，并且更利于管理层对工作成果进行管理。那些罔顾规矩的人总是以出格的行为去挑战权威，没有前人的管理理念作为他们工作的源动力，他们始终没有办法走得更远。

其中，完美型人格者注重规矩的最主要原因在于他们的性格特点：害怕犯错，也害怕将事情搞砸。所以相比起那些创新冒险的人才，他们更倾向于重用安分守己的员工，通过自己所制定的规划去将事情完成，并且在原有基础上尽可能将事情做到极致。

也正因为如此，完美型人格者往往会成为团队的规矩执行者，他们在规矩的要求下冷静客观，在以身作则的基础上严格要求身边的员工，并且能够做到六亲不认。

如果你的上司恰好是完美型人格者，那么作为下属的你最好还是将他们的底线与原则时刻放在心上。一旦你触及了他们的底线，你将会被他们列入“顽固分子”的行列，并且在很久以后他们依然会对你心存芥蒂。

所以，要得到完美型人格领导的青睐，作为下属首先要了解他们内心所制定的规矩，从而成为他们眼中那个勤恳踏实的员工。

与完美型人格者沟通切忌夸张与谎言

完美型人格者对完美有一种与生俱来的追求，他们希望通过自己的努力将所有事情都变得更好，因此他们在工作中的关注点大多都在瑕疵上，而对那些已经相对完美的部分选择漠视。

他们相信任何事情都能够达到完美的地步，但同时也相信任何事情都存在着不完美的部分。所以，完美型人格者对一切看似完美的事情都会采取质疑的态度。

也因为如此，大多数完美型人格者对那些侃侃而谈的人均感到不屑，他们认为那些说话浮夸的人定然在掩饰事情本身的某些缺陷。完美型人格者喜欢说话条理分明的人，希望每一次交谈对方都可以用最短的时间表达出最直接的观点与事实。

另外，他们讨厌被欺骗，哪怕是一些无关痛痒的谎言也会让他们产生巨大的不满。在他们看来，说谎就是一个错误的坏习惯，是人际交往中一个顽劣的瑕疵。

所以，他们打从心里讨厌那些说话夸张或是满嘴谎言的人，完美型人格者认为过多的语言与不真实的话语只会使事情出现瑕疵的概率大大提高。

有一位外资企业的高管便在自己的办公室挂了这么一块横匾：数据与分析。他很少关注市场对企业产品的议论，也很少被舆论所影响，他认为只有真实的数据才能够反映出事实，而那些所谓的舆论只会影响他下一步的规划。

在完美型人格者群体中有不少心思缜密的管理层，他们大多决策都建立在现有的事实上。因此作为下属在沟通的时候最好采用全盘托出且实话实说的沟通方式，并为他们提供精准的数据。这样严谨的做法会让完美型人格的领导对你另眼相看。

为完美型员工预留更多的时间

追求完美与细节的完美型人格者习惯花费大量的时间去把事情做到尽善尽美。他们有时候就像是考古学家一样，手持着放大镜去审视事情的每一个细节，反复地去推敲工作中的每一个步骤，直到他们认为将所有引发失败的可能性都消除为止。

不少领导对完美型人格者的这种严谨的工作态度赞赏有加，但同时也有很多人对他们的这种性格感到抓狂——他们总是有做不完的工作，无论是工作前的规划抑或是完成后的检查都让他们变得无比忙碌，拖延对于他们而言更是家常便饭。

从事策划行业的文小姐就有着这样的习惯：明明只是去参加一个半小时的小会议，她却要提前两个小时打扮自己，确保自己衣着得体，光鲜照人；明明只要完成一个小小的文档，可她却花费几个小时去查资料翻记录，最后15分钟能够完成的工作她花了几个小时……

虽然文小姐每次都会努力把工作做得最好，但也没少拖延，事实上她的拖延让领导感到无比头疼。要知道，在工作节奏极快的策划行业，文小姐一旦拖稿就很可能导致整个项目瘫痪，让前面所有的工作都变得徒劳无功。

而一旦领导对文小姐加以催促的话，她便很容易会陷入紧张状态，最终导致文小姐为赶进度而不得降低对工作质量的要求，非但没有将事情做好，同时还让自己白白紧张了一场。

所以，作为完美型人格的员工领导，一方面要对员工做出引导，将他们的关注点带回工作的结果中，而不是在处理工作的过程中无穷无尽地耗费精力；而另一方面，不妨尝试着给完美型人格的员工更多的时间，避免给他们安排时间仓促的工作，好让他们有足够的时间去完善优化自己的工作，而不是在每日逼近的截止日中陷入紧张。

把目光放在完美型员工的工作表现上

网上有一句话："懂得专业技术的领导拥有一个好的开始，懂得夸奖员工的领导拥有一个好的团队。"要让一个员工心甘情愿地为自己工作，除了给他们发放对应的物质酬劳外，还要经常满足他们心理上的需求。

在职场上，领导的嘉许往往能够让一个员工感受到自己的价值，通过对员工的肯定，领导与员工之间的信赖感与默契也会随之提高。对于完美型员工而言，领导对他们工作结果的嘉许只不过是一句可有可无的客气话。

在完美型员工的眼中，出色地完成工作是自己的分内事，因为他们内心的追求便是将事情做到极致，因此他们并不会对领导的嘉奖感到十分荣幸。

然而，当领导对他们的工作态度进行表扬的时候，他们往往会从心底感到荣幸，并且会更加努力地工作，以报答领导对他们工作态度以及原则标准做出赏识的知遇之恩。

所以当我们面对完美型员工的时候不妨尝试着改变一下自己的话术，从“工作做得不错”改变成“这份工作你处理得不错”，没准这一句话便能够改变面前这位员工对你的看法，并且全心全意为你服务。

爱情秘籍：成为完美型心中的完美恋人

思考：你能成为完美型心目中的完美恋人吗？

完美型人格者沉稳与有序的性格，使得他们的感情路注定没有其他人格者那般跌宕起伏，甚至偶尔还会让人感觉有点枯燥乏味。

虽然如此，完美型的伴侣依然是幸福的。在完美型人格者面前我们随时可以感受到这段感情的安稳与宁静。他们富有责任心，并且愿意为自己在爱情中所承担的义务而努力。他们所展现出来的爱意也许不曾有过炽热的瞬间，却以细水长流的姿态温暖着身边的伴侣。

当然，对生活有着极高要求的完美型人格者在爱情中还是有不少的瑕疵，他们喜欢放大感情中的责任，喜欢对伴侣有极高的要求，他们渴望伴侣与自己的价值观一致，是一个完美的情人。

对完美型多感恩，承认他们的责任感

俗话说得好：萝卜青菜，各有所爱。在爱情中，不同性格的人会给伴侣带来不一样的爱情体验。有的人热衷浪漫，也有的人高冷孤傲，有的人激情四射，也有的人被动消极……

如果说，每个人心中的爱情都有一个完美的标准的话，那么完美型人格者的爱情标准就是“责任”。相比起其他人格者所追求的浪漫与激情，他们给予伴侣的爱更加沉稳、安心。

一如完美型人格者的性格一般，他们在爱情中总是比较注重共同维系一段感情时应负的责任，并且会想方设法地承担起自己应当承担的责任。其中“男主外女主内”的传统家庭分工更是他们大多数人依然推崇的。

男性的完美型，恋爱的时候也许会给伴侣一种体贴温柔的形象：定时给伴侣送去问候与关怀、吃饭的时候总是给伴侣点她爱吃的菜、总不会忘记周年纪念日与情人节等重要节日……但很多时候当伴侣进一步深入了解后才发现，这些体贴的举动也许只是他们表达爱意的“程序”。

他们更在乎经济状况，他们认为让妻子与孩子过上衣食无忧的生活是他们在这段感情中的主要定位，而且很多时候他们会为了给伴侣编织一个未来的梦而放弃享受当下爱情的甜蜜。

而女性的完美型人格者，会将精力放在家庭方面，竭尽全力将家里的一切都打理得井井有条，对丈夫与孩子的一切都了然于胸，甚至连丈夫的行程与孩子的入学规划都处理得滴水不漏。

不得不承认的是，完美型人格者这种发自内心的责任感的确对一个家庭的稳定发展有着十分重要的推进力。可这种将爱情量化、将爱意当作责任的思维方式很容易使他们忽略了爱情本身的美好。

所以对于很多年轻人而言，完美型人格者并不是一个理想的恋爱对象，他们“超龄”的理智与见解使得伴侣与他们的交往会显得相对乏味。典型的完美型人格者会想方设法明确自己在感情中的定位，并且很可能会因此而忽视了男女交往中最基本的“感觉”，甚至在一段关系建立起来之前，他们的心里早已经对彼此在爱情中的责任进行了分工。

然而，他们把工作的这一套搬到爱情中并不是明智的做法，多少完美型人格者的爱情无疾而终便是因为他们对爱情的分工使得男女双方之间产生了隔阂。

因此，我们在抱怨他们缺乏情趣之前不妨先夸赞他们对这段感情的付出与辛勤。他们虽然渴望完美，但同时也希望能够从最亲密的伴侣处找到被理解的感觉。

所以，我们在面对完美型人格者的时候不妨多向他们表达自己对爱的需求，引导他们慢慢表达出内心的感受，而不是一味地让爱情流于形式。发自内心的沟通对于一段感情而言是无比重要的，同时也能够让完美型人格伴侣从内心找到爱的感觉。

尽量不要触犯他们的原则与标准

完美型人格者心目中理想的爱情状态是井井有条的，他们不会沉浸于浓情蜜意的感官享受，而是偏向于男女间理性的相处。作为追求完美的人格者，他们希望自己的另一半可以跟自己拥有同样的价值观，他们对伴侣有着一样严苛的要求。所以，完美型人格者不会容忍生活中的各种小瑕疵。

完美型人格者的思维方式相对简单，“非黑即白”的价值观让他们有时候无法站在伴侣的角度去思考——这也是为什么完美型人格者总是给伴侣一种吹毛求疵的负面印象。

比如说，完美型人格者无法忍受伴侣约会迟到的陋习。在他们看来，约会是两人之间的一个小承诺，对于承诺坚决执行的完美型人格者同样要求伴侣也必须严格执行双方的承诺。

还有上文所说的“男主外女主内”的传统思维也会让完美型人格者对伴侣有所要求。尤其是男性的完美型人格者，他们总是希望下班回家后能够看到家里井井有条，而不是零食和杂志乱堆在茶几上、脏衣服摆满沙发与床上的模样。

完美型人格者会将那些超出他们认知与原则的行为看成是犯错，就好像他们觉得约会就应该准时，家里就应该收拾得井井有条，他们可能一时间无法理解伴侣约会迟到或是犯其他“错误”背后的原因。

因此，作为完美型人格者的伴侣，我们必须接受完美型人格者的这种严谨的生活态度，时常提醒自己牢记完美型的原则和标准，以免由于自己的一时松懈而遭到完美型人格者的挑剔与批评。

主动承认错误

在生活中，完美型人格者也许比起其他人格者更加喜欢指出伴侣的不足，这一点让不少伴侣感到不满。但实际上，他们的挑剔与批评都是出于好意，并非故意刁难或是吹毛求疵。

从心理学来看，人们只会对身边安全度高或是在意的人发脾气，而完美型人格者在生活中所展现出来的挑剔与批评也是如此。在职场上，他们为了维持自己完美的形象以及集体的“和谐感”，宁愿任由不满留在心中也不愿随便发作，唯有在爱情中他感受到自己应有的责任，方才对身边人处处挑剔。

但是，这样的挑剔是能够轻易化解的。在完美型人格者对伴侣有所挑剔的时候，只要伴侣能够主动地承认错误，并且加以改善，完美型人格者很容易就会原谅伴侣犯下的错，而且还会想方设法地帮助伴侣改正。

不过如果伴侣屡次不改或是不愿意承认错误的话，那么完美型人格者便会心存芥蒂，甚至因此而对伴侣产生隔阂。所以，当完美型人格者向伴侣有所挑剔时，作为伴侣的我们不妨反省自身是否存在错误，并且借此机会改掉自己的坏习惯。

另外,在向完美型人格者承认错误的时候,我们可以尽量少解释。要知道，完美型人格者平日说话条理分明，有的放矢，因此很多时候过多的解释只会让两人陷入互相争辩的恶性循环当中。

所以，在完美型人格者生气的时候，最好的化解方式就是主动向对方承认错误，避免出现冷战或进一步的冲突。

多为生活注入新鲜的尝试

对于完美型人格者的伴侣而言，如何让完美型人格者有趣起来是一个无解的命题。

李青一开始认识男友的时候觉得他是一个整洁体贴的人：每天都必须打扮得整理清洁才出门，为人处事沉稳成熟，做事井井有条，并且对李青更是百般呵护，关怀备至……

然而没过多久，李青就感觉到了男友的枯燥，他每天循规蹈矩的问候以及不解风情的憨直让李青对这段感情丧失了激情与期盼。而这也正是许多完美型人格者与他们的伴侣在经历了爱情的甜蜜期后遇到的困境。

如何让爱情保鲜是令无数情侣烦恼的难题之一，实际上这也正是完美型人格者所缺乏的能力。所以，作为完美型人格者的伴侣，我们应该在生活中多注入新鲜的尝试与乐趣，尝试着在生活当中添加一丝新意，好让彼此之间的爱情之花不至于在日复一日的枯燥中凋零。

你可以尝试着改变自己的形象，让爱人看到耳目一新的你，从平淡的生活中感受到新鲜的味道；你可以尝试着带他一起去健身房锻炼，让平日神经绷紧的他通过运动得到身心的放松。

甚至,你可以在家中养一些小宠物,或是两人共用一些生活用品，也可以去新的地方旅游……这些新的尝试都会让你们的爱情保鲜。

不必担心你的改变会打破完美型人格者内心的固有标准，虽然他们平日表现得循规蹈矩，可实际上你的惊喜也会让他们感受到你的付出，生活的新意与乐趣会让他们更加珍惜身边活泼开朗的你。

假如你是完美型人格者

一、完美型人格者对助人型人格者的印象

在我看来,助人型人格者充满热情,并且十分乐意帮助身边的人，他们能够迅速感知到身边人的需求，这让我跟他们合作的时候免去了许多后顾之忧。

只是，他们仿佛不愿意让人指出他们的问题，总是希望所有人都接纳他们，甚至不惜感情用事，为了讨好别人而卑躬屈膝。

二、完美型人格者对成就型人格者的印象

成就型人格者跟我一样执着于事业，并且他们的工作效率很高，

这种拼命工作的积极态度让我十分欣赏。要知道，跟成就型人格者沟通是工作中最值得期待的事情，他们的干练与热情总是让人感到无比愉悦。

但他们所说的话总是有一些夸张，他们好面子并且喜欢显摆自己的能力，而且他们太过于在意自己的形象，有时候宁可撒谎也不愿意承认自己的不足。

三、完美型人格者对艺术型人格者的印象

不得不承认的是，艺术型人格者具有让人羡慕的才华，他们的想法与作品总是有一种挥之不去的才气。他们跟我一样，喜欢为了理想而奋斗，并且敏锐的洞察力让他们总是能够创作出让人满意的作品。

但是他们的性格是一把双刃剑，太过于依赖情绪与洞察力的他们总是需要等到状态对了才能够工作，否则他们便沉浸在自己的情绪中无法自拔，根本无暇处理身边的事务。

四、完美型人格者对理智型人格者的印象

在我身边大多数理智型人格者都拥有渊博的知识，他们每一个都能够称得上是我的良师益友。在逻辑思考、客观分析等方面他们拥有强大的能力，做事讲求实际不贪慕虚荣，并且拥有专注的工作能力。

只是，他们从来不喜欢听从他人的意见，总是强硬地拒绝我觉得应该去处理的环节。而且他们为人冷漠，缺乏与他人的沟通，太过于以自我为中心。

五、完美型人格者对疑惑型人格者的印象

疑惑型人格者是最好的属下，他们忠诚可靠，富有责任心，并且能够为我全方位地打理事务。当他们为了工作而认真的时候，我仿佛能够在他们身上看到完美的影子。

然而，他们缺乏自信，也许一个小小的挫折就能够让他们妄自菲薄。而且，他们的情绪极其不稳定，当他们支持我的时候会竭尽全力，但当他们反对我的时候又随时会倒戈相向。

六、完美型人格者对活跃型人格者的印象

他们跟我一样总是喜欢不断地优化自己的思维，而且他们做事十分有活力，从他们身上我看到了自己的不足——过于死板与固执。我喜欢跟他们合作，因为在他们的世界里从来没有挫折，他们能够很快地从挫折中站起，然后用他们天生积极的性格鼓舞我。

但是，他们跳跃的思维以及浮于表面的处事方式总是让我抓狂。我无法忍受他们虎头蛇尾的态度，而且还经常对我没有耐心。

七、完美型人格者对领袖型人格者的印象

在他们身上我总是能够感受到我所缺乏的豪爽与热情，他们拥有出色的行动力，并且面对挑战的时候总是能够保持着勇气。

不过他们做事的时候总是太鲁莽，只能看到眼前的目标而没有办法顾及其他方面。所以，很多时候哪怕他们完成了目标，可从整体上看他们总是把事情弄得一团糟。

八、完美型人格者对和平型人格者的印象

他们能够综合各类型不同的观点，也能够客观地看待不同的事情。可是我并不喜欢他们，每当我看到他们慢吞吞的样子我就恨不得把工作交给别人。而且，他们总是没有办法给我一个明确的答复或是指令，这让人抓狂。

重要的是,他们跟我完全就是两个世界的人,他们喜欢逃避困难,他们讨厌冲突，而我却觉得困难是通往完美必经的环节，而冲突是缔造完美的过程。

第二章

二号助人型人格——冰冷世界里的温暖

很多时候在我们身边会出现这么一种人，他们在感受到我们的需求后总会主动地向我们施予援手，并且在事后不求回报。事实上，我们在生活中总是将他们看作是“老好人”。

这就是九型人格中的第二类型人格——助人型人格，他们生来乐于奉献，并且愿意将自己拥有的资源跟任何人分享，所以他们身边总会有很多的朋友，并且大家都喜欢在他们的帮助下一起成长。

他们是这个人情越来越淡薄的社会中少有的温存，与他们交流的时候我们总能够感受到他们的理解与热情。同样这也是助人型人格者给予人最特别的印象。

你能一眼认出助人型人格者吗?

人生信条	我能够给身边人以帮助
基本认知	大家都需要我的帮助
深层恐惧	害怕被忽视，恐惧自己的付出被摒弃
性格特征	习惯性讨好，随和乐天，喜爱交际，部分存在傲慢性格
积极信号	对他人的需求提供帮助，并且从他人的需求中找到自己的价值，而他人亦在自己的帮助下成长，实现互助互利

消极信号	出现傲慢心态，并且怀疑自己不断付出的价值所在。因付出而自我感动
处事风格	对人际关系相对看重
最佳职业	销售行业、服务行业

性格长成：曲线救国的童年

助人型人格者并不懂得如何去争取自身所期望的一切，或者说他们并不善于向他人索求，他们对生活的进取往往来自他们的默默付出，并且希望通过付出来获得自己想要获得的回报。

回想下童年时经历过的一些场景，有助于理解助人型人格者的性格形成：当童年时的我们向父母索取一件心爱的玩具时，所得到的回应大多是父母的拒绝或是敷衍。而这种回绝对于助人型人格者而言就像是烙印一般，他们从一次次的拒绝中对索求产生了恐惧。

在他们的认知里，索求有很大的可能性会被回绝，并且会将自己逼至一个被孤立的状态（试想一下：当你还是孩子的时候，家里所有大人都劝你不要买玩具，那时候的你是陷入了如何孤立的状态），因此他们开始采取了曲线救国的形式：付出。

他们采取了付出的形式去期盼他们想要的事物。比如说当他们在家长的期盼下考到好成绩的时候，家长往往会奖励一些他们渴望已久的东西；又比如说他们在课余时间帮助家长打扫家务以后，家长会开心地给予他们一些零花钱，让他们自行实现自己的愿望；甚至是当他们说了一句好话的时候，家长会以夸奖的方式满足他们内心的不安全感……

在他们看来，主动付出去获得回报的成功率远远高于自行索求，于是他们将这种想法融入到生活之中，形成了助人型人格。

性格初探：乐于付出是爱，也是回报

助人型人格者的生活总是充满着爱，而且他们的爱会随着不同的人群而改变着，关爱、宠爱、溺爱等各种爱都在助人型人格者身上展露无遗。

他们以付出为主导，是九型人格中最善良的天使，但同时他们也可能是扭曲的恶魔。他们的内心始终秉承着“我若不爱人，别人就不会爱我”的价值观，希望通过自身的付出与迎合从他人的身上得到爱的回馈。

由此可见，助人型人格者并不是完全不求回报地奉献，他们期盼着在付出的同时也能够得到对方的回馈。

大伦在几年前投身金融销售业的时候一直都不被大家看好，其中最主要的原因是大伦平日太好说话，而且他也不如我们在生活中遇到的那些金融销售员一般能言善辩。

事实上，一开始大伦的确尝到了性格不足为他带来的困惑，一紧张就结巴的他很多时候都无法得到客户的青睐，甚至还遭到他人的怀疑。过了一段时间，与他同期进入公司的员工业务都已经步入了正轨，而他却一直在及格线上苦苦挣扎。

很多人劝他尽快放弃这份不适合的工作，回到技术岗位上默默耕耘，但他都拒绝了。相比起跟冷冰冰的数据与文件打交道，他更喜欢从事有关人际交往的工作，这样的工作让他感到充满挑战，同时也能够感受到自己的价值所在。

后来经过几个月的努力，他终于发展了自己的一批稳定客户，他处处为客户着想的处事方式使每一个曾经与他合作过的客户都无比放心。相比起其他如履薄冰的销售员，他的客户群体更具黏性与忠诚度。

如今大伦已经成为该公司的销售主管，他有着自己的一批忠实客户，并且他跟自己客户群中的每一个人都建立起了深厚的友谊。

大伦可以说是典型的助人型人格者，他能够敏锐地感觉到客户的需求，也能够很好地察觉到对方的爱好，在交谈中客户每一个细小的表情他都能够百分之百地接收，然后适当地调整自己的思维，找到最舒适的说话方式。

他知道在跟 a 客户沟通的时候需要多多赞美，并且最好是在中午时分带上蛋挞奶茶，因为 a 客户喜欢别人的认可，而且有吃下午茶的习惯；

他也清楚与 b 客户聊天的时候要时刻准备纸笔，因为 b 客户的年纪颇大，他无法使用电脑打字，并且经常忘记带笔出门；

跟 c 客户洽谈的时候，最好送他女儿一份小礼品，比如说一个小本本、一支钢笔之类的，并且当作是支持他女儿学业的一种小小表示。

大伦清楚地知道自己要怎么做才能让每一个客户都感到舒心，也明白他身边每一个人内心的需求，所以这些客户有所需求就会第一时间想起大伦，并且乐意将大伦推介给身边有需要的朋友。

每当大家问起他成功秘诀的时候，大伦总是告诉大家只要能够抱着一颗愿意付出的心，就能够抓住每一个机会。

实际上大伦也是这样做的，他关注着每一个客户或是潜在客户的需求，并且想方设法地满足他人。他也偶尔给客户送小礼物或是请客联谊，重要的是每一次对客户的付出他都能够保持一颗平常心，而不像其他业务员一般带着功利心去进行社交。

在某个角度看来，助人型人格者是最能读懂他人内心的人，他们的存在使人感到温暖舒适。他们通过成就别人来满足自己的精神需求，同时也让自己成了人人都信赖的深交好友。

职场攻略：甘当绿叶的职场强人

思考：我们应该怎么对待助人型人格者在职场上的付出呢？

比起完美型人格者对工作的严谨与细致，助人型人格者更加倾向于人际关系方面的发展。在工作中也许他们并不能够如完美型人格者一般做到面面俱到，然而他们在职场上高超的社交能力却是其他人格者都无法比拟的。

无论是身处高层抑或是初入社会的助人型人格者，他们无一不是以高朋满座为荣，他们享受为同事付出的过程，同时也因为他人的理解与敬重而感到兴奋。

听起来，与助人型人格者共事是一件不错的事情，他们乐于助人，热情积极，竭尽全力地去帮助每一个有需要的人。但实际上，想要在职场中跟助人型人格者共事依然需要掌握一定的技巧。

尽可能接受他们的好意

在职场中，领导大都喜欢听话的员工，而助人型人格的领导更是如此。他们习惯通过付出的方式去赢得员工的认可，并且以此来满足自己。

假如说，你的上司恰好是助人型人格者，那么你跟他最好的合作方式便是服从与感恩。助人型人格的领导信奉这么一句话：“只有听话的人我才能帮助他们成长。”所以，他们对那些服从安排的员工往往是倾己所有地奉献，为他们的成长负责。

反观那些对助人型人格领导的建议充耳不闻，或是对他们的决策抱有怀疑的员工便往往不受待见，而且很容易在助人型人格领导的心里留下一个坏的印象。

杨怡与黄奕都是某策划公司的老员工，两人精通业务而且在公司里都有着不错的人缘，因此老板打算在两人之间提拔一位成为他的秘书，但两人能力相当，所以在提拔谁这个问题上老板迟迟未能决定。

直到前阵子，老板安排他们俩参加某行业会议。会议结束后，杨怡主动给老板递交了一份会议记录，而黄奕则对此无动于衷。当老板私下问及黄奕会议内容时，黄奕支支吾吾说不出个所以然来。

对此，老板生气地教训了黄奕一顿，他说：“本来让你们参加这次行业会议就是为了让你们开阔眼界，早知道你无心学习，我就应该把这个机会给别人。”

在职场上，无论是部门决策抑或是个人安排，助人型人格者总会认为自己做的任何事情都是为员工或他人谋福利，在他们的心里总是希望以自己的努力去满足他人的需求。也就是这样，助人型人格者会觉得那些拒绝他们安排的员工辜负了他们的好意，并因此心生芥蒂。

自然，接受领导的好意并不意味着成为领导的应声虫，而是在坚持原则的前提下尽可能地接受他们的安排。我们无法接受他们的好意时亦不必慌张，只需在尊敬他们的前提下向他们说明，他们一般都能理解。

面对助人型人格领导切忌恐惧心理

很多初入职场的年轻人都会对领导有一种莫名的畏惧心理，他们有的害怕在领导面前出错，有的害怕自己打扰到领导，甚至有的害怕自己会遭到领导的嘲笑，从而影响了自己在领导心目中的地位。

于是，他们宁愿做一个勤勤恳恳的工作者，也不愿意主动去跟领导交流。但在面对着助人型人格的领导时，这种畏惧心理往往是阻挡在你跟领导之间的一堵墙。

青涩小姐从小就是“领导恐惧症”的资深患者，从读书时期开始，她便对老师感到恐惧，而毕业以后她更是处处躲着领导，虽然如今她的领导并不如她想象的冷漠，反而对所有人都无比热情，可青涩小姐始终对领导有一种莫名的恐惧。上班半个月的她除了面试之外，基本没有主动跟领导说过话。

有一次，青涩小姐下班后到附近的一家快餐店就餐，然而刚取过餐的她发现领导正坐在餐厅的一角。青涩小姐瞄了领导一眼，发现此时领导正看着自己，她心里咯噔一下，随后装作看不见低头走过。当时要不是手里端着饭，估计她恨不得立即撒腿离开。

只是，青涩小姐的这个举动已被领导看在眼里，在随后的一段时间里，领导对青涩小姐不再像以前一样热情，甚至有时候故意无视她的存在。

后来，青涩小姐的转正申请没有通过，原因是领导觉得她难以处理办公室的人际关系，于是将转正机会留给了另一个同事。事实上，那个同事的工作能力远远不如青涩小姐。

故事里的这个领导就是典型的助人型人格者，一开始他的确愿意帮助照顾新来的青涩小姐，只是对他熟视无睹的青涩小姐让他感觉到自己的付出付诸东流了。不巧的是，助人型人格者虽然平常十分随和热情，但却很容易因为不被他人认可而恼羞成怒。

助人型人格领导喜欢帮助员工成长，他们会根据每个人的表现给员工提供不同的帮助。他们努力地在员工面前塑造自己的形象——亲切、大度。

然而，很多年轻人则因为对领导莫名的畏惧心理尽可能地避免与领导沟通，很容易给领导一种“我不需要你”的错觉，使得彼此之间渐渐地出现一道裂缝。

所以，作为下属的我们在面对助人型人格的领导时最好落落大方地跟他们交谈，并且多跟他们谈谈工作上的真实体会，让他们知道你的想法。其实，助人型人格的领导并没有大家想象的那么严肃，在职场以外你完全可以把他们当作朋友，这不仅会让他们觉得你很懂礼貌，而且也能够感受到你对他们的友好。

与助人型人格的员工沟通需要人情味

上文已经说过，助人型人格者并不是太过于注重事情本身的发展，反而对人际关系有着热衷的追求。他们在工作的时候总是会留意身边人的情绪，尤其是当完成了一项工作以后他们一定会偷偷地观察领导的情绪波动。

跟助人型人格的员工沟通时，领导者应该掌握一些小技巧：千万不要告诉他们这项工作多有意义，也不要告诉他们完成工作后他们将能够得到什么，而应该告诉他们公司是多么需要他们。

为了满足公司的需求，他们在工作的时候会竭尽全力地去完成交办的任务，而且无论事成与否他们都渴望在领导身上得到认可。

所以，作为领导者如果手下有一名助人型人格的员工，那么不妨提升一下自己与对方的情感沟通，而避免冷冰冰的处事方式。

为了更好地理解助人型人格者的心理活动和处事风格，我们不妨看一看助人型员工写给领导的辞职信：

亲爱的领导：

感谢您一直以来对我的支持，但如今我不得不跟您告别。这些年来我在人力资源部蒙受大家的教导，受益匪浅。在大家的努力下，公司的人力资源板块也发展得越来越好，这离不开大家的努力和拼搏。

可是近几年来，公司对我们部门的态度越来越冷漠，相比起其他部门，人力资源部门就像是可有可无的部门一般。对此我自觉惭愧，并感觉到了自己能力有限，无法为公司再带来任何提升，所以在此我想要向您提出请辞，请领导批准。

这名员工之所以毅然离职，主要原因在于他没有得到领导的关注。在职场上不断为企业与领导付出的助人型人格者希望能够得到认可与尊敬，而一旦感觉自己的期望落空，他们便对眼前的事物失去了热情，并且萌生退意。

所以，作为助人型人格员工的领导，我们不妨尝试着以充满人情味的态度去对待他们，当他们为公司的发展而付出的时候我们不妨多一些赞美，少一份无视；当他们在工作中出现失误的时候，我们不妨多一些包容，少一份责备。

相信在人情味的驱使下，助人型员工将会更加竭尽所能地为公司付出，而且也会更加快乐地工作，为公司的发展添砖加瓦。

爱情秘籍：驾驭助人型人格者的宠溺

？

思考：沉浸在助人型人格者的宠溺中真的好吗？

助人型人格者的爱情关键词是“宠溺”，这个关键词听起来让人十分憧憬，可实际上是否如此呢？

很多人对助人型人格者的爱情观念不太了解，甚至有的人认为能够成为助人型人格者的伴侣是一件十分幸福的事情。助人型人格者在爱情中总是以付出为己任，所以跟助人型人格者恋爱听起来的确很不错。

只是当我们仔细想想就会发现，一段一方不断付出的爱情是很难长久的。虽然，助人型人格者在爱情中会竭尽所能地给予伴侣关怀与爱心，哪怕是牺牲自己的利益也在所不惜。可是，作为助人型人格者的伴侣也应该清楚，他们虽然乐于付出，但也需要伴侣的尊重与认同。

在感情中他们的思维模式是这样的："我只要给对方足够的爱，他们就会同样地爱我。"所以他们会想方设法地去满足伴侣，甚至有时候会不顾伴侣的意愿强行帮助伴侣，因此引起伴侣的反感。

适当沟通，拉开伴侣间的距离

助人型人格者在爱情中的表现主要是想方设法地满足伴侣的需求，他们希望通过自己的努力去维持这段感情，因此他们习惯在感情中不断地付出，久而久之便或多或少地表现为一意孤行。

小开最近认识了一名新男友，这位体贴温柔的帅气小哥完全符合小开的择偶标准，因而她内心的幸福感不言而喻。只是，过了一段时间以后，小开也难免对他的"体贴"产生怨言。

按小开的话就是，他们只是认识了几个月，可她的男友却想方设法地打着关心的名义窥探她的生活。当小开去参加同学聚会的时候，他的男友总是有意无意地给她打电话问情况，有时甚至早早地来到他们聚会的地点等着散场；当小开咳嗽的时候，他的男友总是买上一大堆雪梨熬汤，并且强迫她一定要喝完……

虽然，小开知道男朋友这些举动完全都是因为关心自己，可是时间长了却让小开感到有点烦厌，而且有时还忍不住对此有点小抱怨。

相信助人型人格者的伴侣都对这样的事情似曾相识，一方面他们对自己关怀备至，另一方面他们的“帮助”又经常给自己带来不少困扰，这让很多助人型人格者的伴侣感到又爱又恨。

女性助人型人格者大多憧憬着自己能够成为爱情中贤良淑德的女友，或自认为是婚姻中相夫教子的贤妻良母，因而她们在感情中会参与两人大小事的处理，而且以不断付出乃至牺牲自己利益的方式完善所有出现的问题。

而男性助人型人格者更甚，他们在感情中会呈现出一种助人型人格者独有的霸气，将自认为是对的付出强加于伴侣，虽然这些付出大多看上去并非强势，但他们却展现出一种唯我独尊的傲气。

由此我们可以看到，助人型人格者喜欢围绕着对方的生活打转，也甘愿为伴侣付出一切。但助人型人格者总是会给予伴侣过度的关怀，引起对方的反感。

事实上，我们每个人在爱情中都需要一点属于自己的空间，而不是遇到任何事情都依赖伴侣，也不希望伴侣成为我们生活中的监控人。

在心理学中有这么一个观点：人与人之间如果长期保持近距离

相处的话，那么彼此之间很容易会厌倦。因此，在爱情中学会适当保持距离才能够让双方的感情更加历久弥新。

所以，在日常生活中，助人型人格者的伴侣需要经常与助人型人格者进行沟通，并且向他们传递这么一个信息：即使彼此深爱，也需要在双方之间建立一个缓冲的空间，过分地融入对方的私人生活中，只会让彼此产生被限制感。

礼尚往来，消除助人型人格者的“付出感”累积

很多人认为，像是助人型人格者这样对伴侣关怀备至，他们一定不会主动挑起争吵。只要自己对他们加以忍让，那么彼此的感情生活一定能够过得和谐美满。

事实上，助人型人格者在爱情中也经常会挑起争吵，也许他们在伴侣犯错的时候会选择包容与忍让，而且想方设法为伴侣开脱并给予伴侣安慰，但当他们的忍让到达了一定程度以后，他们的怒气就会爆发，并且一发不可收。

在美剧《欲望都市》里有一个这样的细节：夏洛特在生活中遇到了她的男神，他们很快就坠入爱河，并且到了谈婚论嫁的地步。但此时在他们面前却有一个问题：男神是一个犹太教徒，根据他母亲的遗言，他以后必须要娶一个犹太教的女人为妻。

作为基督教徒的夏洛特在经过无数次考虑以后，决定为了心爱的男人放弃信仰，随后加入犹太教。自此以后，她不再在圣诞节的那天晚上装扮圣诞树，也不会在周日去教堂做礼拜，但是她觉得自己所做的一切都是值得的，因为她的让步造就了一段完美的爱情。

在复活节的当天，她手忙脚乱地忙碌了一整天，就是为先生准备一顿复活节的大餐。但实际上满怀欢喜的她看到先生吃饭的时候随手打开了电视以后，她突然间就怒火中烧了，她指责丈夫说自己为了他放弃了信仰，放弃了上帝，甚至愿意花一整天的时间为他准备这一顿晚餐，结果到最后都比不上一场球赛！

付出感让夏洛特冲着自己的丈夫咆哮，对于助人型人格者而言，付出感是他们在感情生活中无法躲开的难题。

恰好，小青同学的伴侣同样属于助人型性格，可她跟她老公却常年相敬如宾。当朋友问及他们的相处之道时，小青同学说了四个字：礼尚往来。

简单地说，小青跟她老公结婚几年来一直都相敬如宾，当老公在结婚周年日为小青买了一份丰厚的礼物时，小青也为他悉心准备了一件亲手编织的毛衣；当老公担心她安全的时候，小青会反过来关心他是否已经洗漱完毕，并且让他早点休息……

助人型人格者在爱情中也需要伴侣的关怀，他们尝试着用关怀去感受对方的爱意。但他们的付出如果长期得不到回报，那么他们就很容易陷入焦虑的境地，从而出现负面的情绪引发情侣间的争吵。

可是如果助人型人格者的付出能够获得对方的回应，尤其是，当他们付出的时候也得到了伴侣的关怀的话，那么他们内心的付出感就会消散无踪。

所以，当我们感受到助人型人格伴侣对我们付出的爱与关怀时，我们也应该对他们表示关心，而不是将这份来自他们的关怀当成是其性格特征，更不能将这份关爱看作是理所当然。

学会向助人型人格者主动表达爱意

在九型人格中有一个有趣的实验结论：大多数正处于适婚年龄的男性助人型人格者都还单身！这对于广大青年而言的确是一个难以置信的消息——高朋满座的助人型人格者为何迟迟没有女朋友?

助人型人格者对于表达自己的需求有着一种与生俱来的羞涩感，而且他们会觉得暴露自己的需求是一件自私的事情。

所以，助人型人格者无论是遇到自己喜欢的人抑或是碰到对自己有好感的人，他们都不会主动出击，而是通过暗示的方法让对方了解自己的心思。

李萌萌最近就认识了一个男孩，两人一见如故。实际上，李萌萌早已经对这个男孩芳心暗许，她也能感受到这个男孩对她有着不一样的好感。只是，让李萌萌感到失望的是，这个男孩仿佛从来就没有想过向自己表露心迹。

在李萌萌 25 岁生日那天，男孩特意在李萌萌加班后为她举办了一个小型的生日派对，参加派对的除了李萌萌的闺蜜之外，还有不少男孩的同事与朋友。

李萌萌看他为了给自己庆祝生日如此大费周章，本以为他会趁着这次派对向自己表明心迹，但男孩一直在招呼自己的那些朋友，并没有丝毫想要对自己表白的意思。

到后来李萌萌对这个男孩失望透顶，渐渐地开始疏离男孩，并且在两个月后接受了另一个男孩的表白。

故事中的这个男孩是典型的助人型人格者，他本以为自己跟李萌萌有着“心有灵犀”的默契感，殊不知自己的被动却让李萌萌失望至极，甚至不再愿意与他交流。

大多数的助人型人格者在爱情中都是如此被动，所以他们很容易在感情世界中失败。因此作为助人型人格者的潜在伴侣，如果你觉得眼前的助人型人格者符合自己的择偶标准，而且觉得他也正好对自己有意思的话，那么你完全可以主动出击，切勿等待他们向你表露心迹。因为在大多数助人型人格者看来主动表白心迹是一件自私的事情，他们宁可失去也不愿意打破自己的原则。

假如你是助人型人格者

一、助人型人格者眼中的完美型人格者

他们为人谨慎，做事遵守规矩，而且讲求原则做事公道，跟他们共事能够让我产生安全感。他们在对待他人的时候跟我一样，喜

欢为他人奉献，每当有人找他们帮忙或是请教的时候，他们总是毫无保留地把自己的见解全盘托出。

不过在我看来他们实在是有点刻板，他们非但没有办法感知别人的需求，而且还会反复揪着别人的过错不放，经常毫不留情地批评别人。这种没有人情味的做法常常让人忍不住跟他们疏离。

二、助人型人格者眼中的成就型人格者

他们跟完美型人格者一样都很缺乏人情味，他们的价值更多在于工作之中。在生活中他们比起完美型人格者更加懂得变通，擅长人际交往，而且精力充沛的他们总能够给人一种积极勤奋的印象。

在我看来他们为了维护自己的形象会不择手段，当人对他们进行批评的时候，他们会想方设法给自己找借口。所以，跟他们相处的时候千万不能谈及他们的劣势，多说说他们过去的辉煌事迹，这是让他们感到高兴的最快方法。

三、助人型人格者眼中的艺术型人格者

艺术型人格者情感细腻，情感方面有着很独特的见解，有时候我甚至会隐约地觉得他们能够看穿我的内心。平时，他们总是喜欢跟我谈及他们的精神世界，能够听到他们的倾诉，我总感到荣幸。

他们很多时候展示出来的形象都是多愁善感的，严重的时候还会出现情绪失控的现象。艺术型人格者比较以自我为中心，他们喜欢孤芳自赏，所以，跟他们沟通的时候最好多谈及他们自己的事情。

四、助人型人格者眼中的理智型人格者

他们有自己的想法，而且很少会因为外界的因素而动摇自己的决心，冷静理智是他们的最大竞争力。他们的生活在大多数人看来都是枯燥无味的，但是在我看来却充满睿智与幽默。

我在跟他们相处的时候总能够有所收获，不过他们很多时候喜欢刻意地远离人群，醉心于钻研知识。所以，跟他们沟通的时候最好直奔主题，并且用心倾听他们的建议，这会让他们感觉自己的观点备受重视，久而久之会把你当成他们最好的朋友。

五、助人型人格者眼中的疑惑型人格者

他们为人忠诚，会全身心地为他们认可的人服务。他们能够感知到身边潜在的风险。他们很多时候会给我提供一些建议，这让我感到十分温暖。

如果他们不是如此焦虑，也许他们的生活会过得更加有滋味。很多时候，他们都对身边的事情大题小做，而且他们会想方设法地猜测别人的想法，这使得很多时候他们会对我的热情产生质疑。

六、助人型人格者眼中的活跃型人格者

他们平易近人，对社交有一套。他们乐观积极的态度能够很快地融入其他人的群体之中。跟他们在一起我总能够感受到快乐与新奇，他们的脑子里有着各种各样的想法，很多时候都会让人拍案叫绝。

只是有时候他们的思维实在太过于跳脱，以致我都跟不上他们的思维。每当他们遇到什么新奇好玩的事情总想要尝试一下，所以当我遇到什么新奇好玩的事情都第一时间想起他们。

七、助人型人格者眼中的领袖型人格者

不可否认，他们的确很优秀，无论是生活中还是工作上他们都热情满满，而且他们拥有着别的人格所没有的领导气质，非常善于激励团队成长，对于他们出色的能力我感到无比羡慕。

只是在现实生活中我并不喜欢他们，因为他们实在是太过于鲁莽，他们为了达到目的会不断地向我索取，而且当他们完成任务了以后很快就忘了我的付出，这让我感觉自己像是笨蛋一样被利用了。

八、助人型人格者眼中的和平型人格者

他们是一个温柔的群体，他们有足够的耐心去倾听任何人的烦恼。跟他们一起我时刻能够感受到他们的包容：在我失态的时候他们常常会提醒我保持冷静。总的来说，他们是一群充满着奉献精神的君子。

可是我实在无法跟他们一起生活，因为他们的欲望十分淡薄，无论是对物质还是对精神都给人一种无欲无求的感觉，所以我在他们身上感觉不到自己的存在，也没有办法加深彼此的友谊。

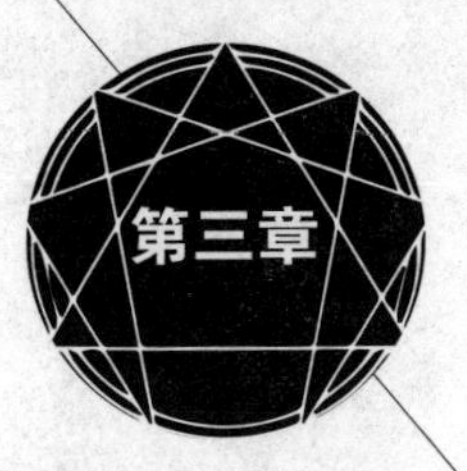

三号成就型人格——现实成就中的追崇者

试想一下,如果我们的生活变成了以工作为主导,没有业余时间,没有周六周日，甚至没有公众假期，那么会变得什么样?

事实上，对于许多人而言，这样的生活简直就如同酷刑一般，但在我们的身边有这么一类人，他们生活的乐趣在于不断地完成工作，并且从中找到自我的定位与价值。

他们跟其他人格者相反，如果让他们享受假期的话，他们反而变得无所适从。是的，他们不喜欢去安排节假日的行程，或者说他们根本就不需要节假日去调剂生活。对于他们而言，节假日反而是浪费时间的象征。

他们总是精力充沛的模样，并且每次都以正面积极的形象示人，他们给人的感觉就仿佛是一个成功多年的上流人士。

总的来说，这类人有一句格言：只有工作才是我的解药。这就是成就型人格者，一个为了事业而毕生奋斗的群体。

成就型人格者主要有以下特点：

人生信条	把生命交给工作
基本认知	不断工作才是通往成功的道路
深层恐惧	被阻碍了前进的道路、失去他人的赞赏、自己失去了价值

性格特征	积极向上，精力充沛，以结果为导向的行动派，急躁，习惯以工作压抑情感
积极信号	积极的形象和专注的工作态度成就了他们的影响力
消极信号	过分关注事态而漠视他人的感受，宁可欺骗他人也不愿损毁自身形象
处事风格	争分夺秒，雷厉风行
最佳职业	广告行业、营销岗位、销售行业

性格长成：在赞许中长大的孩子

赞赏教育是如今幼教中被推崇的教育方法之一，而经常对孩子进行赞赏与鼓励会使孩子渐渐地培养出乐天积极的性格，孩子亦会从家长的赞赏中逐渐积累足够的自信心，所以，下意识的赞赏会对孩子的健康发展有一定的积极作用。

大多成就型人格者便是在这样的环境中长大，由于经常受到长辈或老师的称赞，他们会逐渐对这种让自己感到舒畅与骄傲的感觉产生依赖。为了获取更多的赞赏，他们很可能会刻意地努力完成一些让大家赞赏的事情。

久而久之，他们会觉得自己在他人心目中的地位取决于与众不同的价值与实力超群的表现。因此，为了提高自己获得称赞的可能性以及在他人心目中的地位，他们会尝试着竞选班干部，努力争取全班第一，甚至会用尽一切办法让自己表现得更加出色。

成就型人格者的精神内核是：存活于世，我就是为了出类拔萃。这种精神内核不断促使着他们积极向上，成为让所有人崇拜的精英分子。

性格初探：成就与声望的追求者

成就型人格者以成就为乐，他们认为一个人在生活中取得的成就与声望便是人生的真正意义。他们追求收入，追求头衔，追求所有世俗上的成就。

他们每天的时间十分紧迫，总有忙不完的工作，密密麻麻的工作安排使他们始终在为一个又一个的目标奔波着。这样全力以赴是他们所追求的最佳生活状态。

乔治便是这么一个成就型人格者，在毕业一年后，他毅然辞掉了人人羡慕的公职岗位，投身当时尚不十分稳定的金融行业中。

按他的话来说，在那种普通的文职工作氛围里他始终感到身体里的一股冲劲无法释放，相比之下他更愿意从事一些多劳多得的工作，让自己的一天都忙活起来。

成就型人格者最无法忍受的就是千篇一律的生活与工作，像是公职单位以及事业单位等常规性工作较多的岗位对于他们而言就仿佛味如嚼蜡，他们宁可进入销售行业、营销行业等，可以将所有的时间都用于钻研业务，并且乐在其中。

如愿成为金融销售以后，乔治变得活跃了起来，他不再像是从前般总是自怨自艾，反而在忙碌的工作中寻找到自己的价值：

长时间的膜拜销售与业余时间的应酬让他感到了生活的充实，并且从每一次的超时工作中找到了实现梦想的途径；

专业知识的学习使他在短时间内融入了行业，他从来不错过任何一个行业领域培训，这为他的思维与业务水平带来了极大的提升，也为他填充了那些原本无处消磨的时间。

在乔治的努力与坚持下，他的事业渐渐步入佳境，并且他开始从工作中尝到了成就与荣誉，也感受到了自己对未来的追求与向往。

从上面的故事可以看出，工作是成就型人格者实现自我价值的最重要途径。他们能够适应各种高强度或是超时长的工作，却无法忍受千篇一律且平淡无奇的岗位。

世俗的成功与丰厚的酬劳是成就型人格者毕生最大的追求，他们虽然不如艺术型人格者和理智型人格者一般追求精神上的满足，也有其他人格者觉得他们的生活与价值观相对肤浅，但他们中的大部分人过得并不落魄，甚至能算得上是小有成就。

职场攻略：职场上的永动机

思考：跟成就型人格者共事，究竟是利大于弊，还是弊大于利呢?

在成就型人格者身上，我们总能够找到当代成功学里面的大部分元素：奋斗、拼搏、勤奋……他们为了达到目标，会经常沉浸于高强度的工作之中，他们自己也十分喜欢这种忙碌的快节奏生活。

其中，最主要的原因是他们希望成为精英阶层中的一员，他们渴望成功，并且把成功当作是自己毕生奋斗的目标。所以，他们十分重视生命中的每分每秒，唯恐浪费掉一丁点的时间，面对着堆积如山的工作他们反而能够感受到自己的价值所在。

成就型人格者最怕成为碌碌无为的闲人，他们一旦没有工作就会感到十分空虚，必须要找点事情来做。这种勤奋的精神总是让成就型人格者成为职场上的宠儿，他们不断突破自己，然后继续朝着更高的目标进发。

总的来说，职场上的成就型人格者就仿佛一台永动机，他们有着雷厉风行的行动力，面对高难度的任务时他们往往能够爆发出更多的能力排除万难，做出大家都满意的优秀成果。

尽量让成就型人格者成为你的第一任上司

职业规划中有一个众所周知的秘密：毕业以后第一份工作决定了日后职场的高度。如果毕业后我们能够在一家管理有序、架构完整的公司上班，那么我们对职场的认知也会随之提升；但假如我们毕业后的第一份工作在一家管理松散的企业，那么我们日后的工作态度也会变得慵懒随意。

而成就型人格的领导对于这些初入社会的年轻人而言，有着十分重要的“调教”作用。

成就型人格的领导天生就是为了追求功名利禄而存在的功利主义者，因此在职场上他们会想方设法地实现自己的价值，在这个过程中，他们会展现出一种唯我独尊的权威感。

为了让自己能够全方位地驾驭各种高难度任务，在工作中他们往往会表现出一种极其强大的组织能力与处事能力，无论是人际关系抑或是技术指导，他们都能够展现出一种游刃有余的大将风范。

而这一切将会潜移默化地影响着他们的每一个员工，也就是说在成就型人格的领导手下工作，很容易被他们的感染力影响，逐渐拥有一种积极乐观的拼搏精神。

郭恩在毕业以后的第一份工作就是跟随着这样的上司。毕业后的他被一家发展势头平缓的企业录用，与他同期进入企业的还有他的上司。

一开始，郭恩本以为在这家小企业里混混日子，过舒服的职场生活。可他的上司却丝毫没有给他任何舒适的空间。

这位上司入职后，一直以发展企业为己任，在平日的工作中，他不仅一头钻进了自己所负责的产品设计中，业余时间还为产品设计针对性的销售方案。而作为他下属的郭恩，也经常被要求加班，而且还被要求高效完成任务，尽快达到目标。

一开始郭恩对此怨声连连，但过了一段时间以后，企业的业绩竟因为一款产品的爆红而直线上升，而作为设计者的郭恩也在上司的带领下成为业内小有名气的设计师，妥妥地超越了同龄人。

如今，身为某外资企业设计总监的郭恩有时跟别人说起这事的时候，语气里依然对这位严格好胜的上司充满无比的敬重。可见，这位目标明确的实干者对于郭恩的职业发展起着多么重要的作用。

所以，对于刚毕业的年轻人而言，选择一位具有奋斗精神的成就型领导者对他们的未来发展有着很大的积极作用。一般而言，他们能够知人善用，并且对成功时刻保持着过人的热情，这种极具感染力的拼搏精神能够让他们的每一位下属与同事都能收获不一样的冲劲与力量。

成为成就型人格者手下最耀眼的存在

成就型人格的领导眼中只能看到两点：一是他们正在追求的目标，二是手下的得力干将。

果敢实干的成就型领导对下属的管理一直奉行着这么一个信念：“只有超额完成工作的人，才有培育的必要。”所以，他们对待下属的标准是“唯才是用”。

作为成就型领导的下属，想要得到领导的提携或是青睐，首要任务便是提升自己的个人能力以及抗压能力。毕竟，在成就型领导手下工作，能力与效率便代表着一切。

最近，阿瑶换了一个新领导，这位领导比起以前的领导做事更加果断，而且他喜欢没日没夜地窝在办公室里工作，仿佛除了工作之外他便没有其他的业余生活。

一开始阿瑶对此不以为然，依然我行我素地开展工作，但没过多久领导便开始对阿瑶提各种意见，后来甚至直接辞退了阿瑶，原因是阿瑶工作不积极，而且经常消极怠工。

要知道，阿瑶在这家公司任职销售部经理助理已经多个年头，能够单独完成上级交办的所有任务，而且每次都完成得妥妥当当，以前的领导对她从来没有任何负面的评价。

阿瑶被辞退以后，顶替她位置的是一位刚进公司不久的员工。因此，阿瑶逢人便说自己被公司不公正对待，甚至还对那位领导怨声连连。

后来，阿瑶遇到了以前的同事，两人聊开来以后阿瑶方才知道事情的始末：原来，阿瑶在公司虽然能够完成上级交办的所有任务，可新来的领导并不满足于此，而是希望拥有一个能够自觉超额工作的助理。

而如今被任职为经理助理的小女孩，除了完成日常工作之外，还主动为领导分担工作上的难题，并且在领导的批准下她还利用业余时间公费学习企业管理课程。在短短半个月内，她不仅能够胜任阿瑶原来的工作，还可以在某些程度上为领导提供客观建议。

听了前同事的话，阿瑶再也没有说起公司的一句不是，而是在下一份工作中尽心尽力地完成自己的本职工作之余，利用业余时间不断提升自己，争取成为领导眼中最耀眼的员工。

故事里的这位领导很明显就是一名成就型人格者，他这种“唯才是用”的性格在职场上展现得淋漓尽致。而且，由于对成功有巨大的渴求，他对那些庸碌的员工并没有太多的耐心。虽然，这样的性格经常会显得“不近人情”，但这也是高效率办事的保障。

所以，当面对着成就型人格的领导时，我们不仅要把本职工作完成得妥妥当当，还要展现出自己不一样的价值。因为，成就型的领导看待员工的标准就只有一个：谁要是能提出更好的创意、有更高的效率，那么谁就最有可能得到其赏识。

乐于激励，激发成就型员工最大潜能

如果你发现你的手下恰好有一名成就型人格的员工，那么恭喜你，你拥有了一名极具潜力的得力干将。

面对着成就型人格的员工，要开发他们的潜能你只需要给予他们一样东西——成就感。

曾经在一个行业聚会上听说过这么一个故事：有一家创业公司在面临破产的时候，公司老板找到自己的得力干将，说：“公司遇到了前所未有的困境，需要大量的资金周转，现在也就只有你能够帮公司翻身了。”

听了领导的话以后，这位员工不仅把自己的车子变卖了给公司周转，同时他开始四处奔波寻找客户，尝试着出售各种囤积商品。但奈何当时汽车已经变卖了，他只能每天穿着西服，骑着自行车去拜访客户。

于是，他想了一个办法，每次快到达客户公司的时候，他提前锁好自行车，然后整理好形象从容走进客户的公司，这样的举动让他看上去依然光鲜亮丽，能够给人一种稳重而成功的感觉。

后来，他成功将仓底的大部分存货都卖了出去，换得了足够的资金重组公司，成了当地商业圈里的一段佳话。而他为公司做的这一切都仅仅是因为领导对他的认可。

无论是成就型人格的领导抑或是员工，他们都比其他人格者更加在意自己成功者的形象。他们希望无论在生活中抑或是在职场上都能彰显出自己的与众不同，从而赢得他人的赞赏。对于成就型员工而言，领导的赞赏与掌声便是对他们付出最好的回报。

所以，作为一名团队领导者，我们不妨学会对员工所创造出来的成绩给予赞赏，尤其是在面对成就型员工的时候。因为对于他们而言，领导的赞赏和表彰就是对他们付出最大的肯定。

爱情秘籍：内心柔软的爱情守护者

思考：在爱情中，成就型人格者真的如他们表面上那般坚强吗？

成就型人格者的爱情关键词是“物质”，他们大多数是职场上的强人，但在爱情中却有点无知。很多成就型人格者认为，为伴侣、家庭提供安稳的物质条件是维系爱情的关键，可往往正是这种想法让他们在爱情的道路上伤痕累累。

古人有云：“鱼与熊掌，不可兼得。”可是大部分人都无法接受自己的伴侣是一个只专注事业的“工作狂”，哪怕这种关系是建立在丰富的物质条件上。毕竟，每个人在爱情中都希望能够得到伴侣的陪伴与关爱。

但成就型人格者的感情生活就是以工作为中心的，他们在生活中所展现出来的形象大多都带着职场上的影子：他们喜欢跟伴侣谈工作，喜欢通过高级消费彰显自己的价值，喜欢规划未来……

要知道，单一且枯燥的爱情是难以长期维持的，虽然成就型人格者跟伴侣谈及这些是因为他们早已经把奋斗建立在两人共同生活的基础上，但这种“谈”恋爱的方式却总是不受待见。

温柔一点，其实成就型人格者心里苦

如果非要用一个词语来形容恋爱中的成就型人格者，“傲娇”一定无比合适。

成就型人格者习惯以成功者的身份出现在伴侣面前，讨厌被伴侣看到自己脆弱的一面，所以在日常生活中他们很多时候会展示出傲娇的一面。

可他们这种傲娇的性格总会让伴侣有一种“热脸贴到冷屁股”的异样感，很多情侣便是因为这个问题而终日吵吵闹闹，最后不欢而散。

其实，成就型人格者之所以给伴侣一种傲娇的感觉还是他们的性格所致。一方面，他们渴望成功，在职场上总是勇往直前的他们很容易遭遇各种质疑和委屈；另一方面，他们性格刚强，不如其他人格者喜欢找伴侣倾诉，所以，他们往往会把委屈放在心底，却又无比渴望得到伴侣的谅解与抚慰。

前一阵子，闺蜜黄娟就给我们讲了一件关于她丈夫的趣事：在她丈夫生日那天，黄娟特意托同事买了一份生日蛋糕，并且早早下班到超市里买了一些他最喜欢的牛排和红酒，希望给丈夫一个惊喜。

可当她丈夫回到家里看到黄娟给他做的这些佳肴时，只是象征性地看了一眼，然后就自顾自地换衣服、洗澡，末了还说了一句:“以后别花这些冤枉钱。”

黄娟看丈夫不仅不为自己的付出感动，还各种嫌弃，心情自然跌落到谷底。但后来转念一想：平日丈夫并不会这样对自己冷讽热嘲，今天可能是工作上遇到了什么委屈，加上今天又是他的生日，我就不要跟他计较，忍忍就好了。

后来吃过饭，丈夫主动收拾好碗筷，让黄娟早早洗澡休息。等黄娟洗完澡后，丈夫已经洗好了碗筷，并躺在床上呼呼大睡了。没过多久，黄娟听到丈夫说起了梦话："气死我了……我一定可以拿下这个项目……嗯……蛋糕很好吃，牛排也不错……就是有点焦……"

故事里的丈夫是典型的成就型人格，在他们看来，生活的幸福感源自物质与安全感，也因为如此他们认为与其对伴侣说一百句"我爱你"，还不如努力给伴侣营造一个幸福家庭更实在。

所以，他们平时很少表达自己的情感，而是一心为了家庭幸福与物质条件而不断奋斗。很多时候，他们都会忽视自己内心真实的感受。甚至在伴侣的面前，他们依然口是心非，维持自己"高冷"的形象。

很多时候他们虽然嘴上不说，可内心的疲倦与苦闷却总是能被伴侣的温柔体贴所消除。所以，作为成就型人格者伴侣的我们，要懂得对他们温柔以待，不要因为他们总是为了家庭而一往无前就觉得他们无比硬朗，其实他们跟普通人一样，在看似坚强的外表下有一颗脆弱的心。

学会支持成就型人格者的选择与目标

成就型人格者的爱情观很简单：纯粹地把工作上的那一套带到爱情当中。

在职场中，成就型人格者十分擅长制定目标来驱使自己成长，并且总是以业绩与项目成绩作为自己在职场上的价值体现。而在爱情中他们也喜欢给自己设立不同的目标，去展现自己的价值所在。

成就型人格者陷入爱情的时候，会把家庭生活水平、伴侣的幸福度或是经济水平等作为自己在感情中的价值体现，并且为之而努力奋斗。也许，这种性格使他们在很多时候看上去更像是一个“工作狂”。

前阵子，小杨遇到了一个难以抉择的难题：公司有意提拔小杨为地区总裁，因此总公司打算委派他到英国总部培训。但不巧的是，这次培训的时间正好与小杨的新婚蜜月之旅重叠。

作为工作狂的小杨当然希望能够参加总公司的培训，这样不仅能够提升自己的能力，未来也能够给家庭带来更好的保障。可小杨的妻子为这次蜜月之旅费了不少心思，也万分期盼。

所以，小杨先生陷入了两难之中：是放弃这个千载难逢的升迁机会呢？还是放弃一生一次的蜜月之旅？经过多方衡量后，小杨终于下定决心跟未婚妻说出自己的意愿，希望能够得到未婚妻的谅解。

而未婚妻的态度也让小杨觉得惊讶：虽然心有不甘，可是她依然愿意支持小杨的决定，并且同意取消蜜月之旅。看到未婚妻如此通情达理，小杨心里除了感到高兴之外，也暗下决心一定要让眼前的这个女人日后过得幸福。

后来，小杨的未婚妻为了能够更好地照顾小杨，决定跟随小杨到英国去参加为期一个月的培训，并每天为他做饭洗衣，希望小杨能够心无旁贷地好好学习。

回国后，小杨如愿被委任为公司的华南区域总裁。在庆功宴上，小杨发表感言时说:“这次我之所以能够完成梦想，得感谢我的妻子。是她宁可放弃自己梦寐以求的蜜月之旅来成全我的梦想，也是她不顾一切地随我去英国支持我所有的决定，所以我能有今天的成就，全靠我妻子的支持与付出。”

从上面的故事我们可以看出，一个时刻支持他们的伴侣能够使得成就型人格者时刻保持自信，并且能够拥有十足的干劲去奋斗。

所以，作为成就型人格者的伴侣，我们要懂得他们的付出与努力，并且对他们为家庭的付出而感恩。对于他们而言，无条件地支持与理解就是伴侣最好的情话与爱意。

而且，当得到伴侣的支持以后，他们除了更加卖力地为营造幸福家庭而努力之外，还会更加地珍爱身边的伴侣，让彼此的感情生活过得更加甜蜜。

甜蜜如初！丰富成就型人格者的业余生活

不得不承认的是，大部分的男性成就型人格者在恋爱中都是直男属性，他们经常忽略自己与伴侣的情感世界，而且不愿意直视自己的不足，习惯于把精力都用于维系自己的事业以及经营幸福家庭之上。

而女性的成就型人格者除了是公认的女强人之外，她们还是不折不扣的剁手党！在面对她们不擅长处理的情感问题时，她们会选择购物、暴食等手段抚慰心里的不安感。

总的来说，成就型人格者的生活一般都是围绕着事业与名望所开展的，他们经常会忽视自己与身边人的情感，不断地努力工作，希望能为伴侣带来更加安稳的物质生活。

只是，物质上的富足根本没有办法抚慰成就型人格者精神上的匮乏，每当他们从工作状态过渡到生活状态的时候，总会遇到不少的困难。

小丸的男朋友就是一名典型的成就型工作狂，他不仅不放过下班在家的业余时间，每天都忙工作到凌晨两三点，而且很多时候连周末喜欢窝在家里做 PPT，这让小丸对这位“不称职”的男友抱怨连连。

重要的是，偶尔男朋友空闲时也只会带小丸去看房、看车，要么就是去参加各种无趣的培训活动，这让小丸感到十分乏味。

虽然两人已经相识了好几年，甚至到了谈婚论嫁的地步，可是有时小丸也难免在想：自己是否真的应该重新衡量这段恋情？如果他以后都是这样自己是否真的能够受得了？

后来，小丸遇到了同为工作狂伴侣的青青，当青青知道小丸的烦恼后，立马给她献了一计：主动组织伴侣的业余生活，尝试着成为伴侣工作以外的生活主导。

于是，小丸开始主动邀男友去参加她觉得有意思的聚会与活动，一开始男友万分不愿，可看在女朋友的面上也勉强应邀参加。久而久之，男友竟然渐渐地开始享受这种生活，一有空闲时间就跟小丸过上甜蜜的二人世界。

主动丰富成就型人格者的业余生活是为成就型人格者爱情保持甜蜜的最佳途径。要知道，他们很多时候会因为对成功的渴望而忽视了个人的情感，也往往会错误地表达爱意，这样会使得一段感情常常无疾而终。

但是，如果能够让他们感受到物质之外的情感沟通，也许能够让他们开始关注自己以及伴侣的情感世界，从而感受到爱情真正的甜蜜与美好。

所以，作为成就型人格者伴侣的我们应该主动加强彼此之间的情感沟通，帮助他们从工作状态中抽离出来，以丰富彼此交流的方式填满他们的内心，让他们在工作之余也能感受到伴侣的爱意，从而引导他们学会以同样的方法表达爱意。

假如你是成就型人格者

一、成就型人格者眼中的完美型人格者

跟他们的工作态度相比，我明显略有不足。他们在工作的时候一直秉承着明确的底线与原则，而且他们对自己的要求十分严格，严于律己的他们不断优化自己的能力与见识，务求事事做到完美。

如果他们不是那么在意瑕疵的话，那么他们的确可以称得上是完美的人。只是，他们的性格使他们总是盯着他人的缺点不放，而且他们很少认同别人的优点，这使得他们过于刻板，不受他人欢迎。

二、成就型人格者眼中的助人型人格者

在我看来，他们的人生并没有什么追求，他们很多时候都活在别人的世界里，而且大多时间都以一种卑躬屈膝的姿态去面对生活。我没有办法从他们的身上看出他们任何立场，而且他们也没有办法分清事情的轻重，无论谁有求于他们，他们总是摆出一副荣幸的面孔去解决他人的难处。虽然，他们在生活中的确很受欢迎，而且为人热情，善解人意，但是我并不能接受他们的这种价值观。

三、成就型人格者眼中的艺术型人格者

我总是搞不懂他们在干什么！他们在我看来就是一群奇装异服的人，而且从来不会顾及别人的眼光，做任何事情都是独来独往。虽然，有时候他们能够想出一些十分有创造力的点子，可对我而言他们在职场上的表现始终是功不抵过。

重要的是，他们经常会因为情绪问题而把工作搞砸，有时候他

们还会反过来觉得我只会工作。对于这样的人，我实在没有办法与他们共事。

四、成就型人格者眼中的理智型人格者

他们有着军师的睿智，而且平日基本没有社交，但这并不影响他们对身边发生的一切事情运筹帷幄。他们善于洞察全局，沉默寡言却能够为我带来最具有实用性的建议。他们平时不愿意有人打扰，当然他们也不会主动打扰我。

只是有时候当我需要他们去实践计划的时候，他们的弱点就马上暴露了出来。他们缺乏行动力，任何事情都只能够停留在计划阶段。

五、成就型人格者眼中的疑惑型人格者

他们是我的得力助手，做事认真可靠的他们有着忠诚的内心，无论是身处低谷抑或是身无分文，他们都愿意一直留在我的身边。很多时候，他们会以留在我身边做事为荣。

只是，他们这类人太过于缺乏安全感，甚至无法面对挫折，无法承担责任。很多时候，他们会对我说的话过分猜测，遇到需要决策的关头他们总是瞻前顾后，犹豫不决。

六、成就型人格者眼中的活跃型人格者

他们给我的印象是一群长不大的孩子，无论在什么场合他们都一样精力充沛，而且他们经常能够给团队带来充满创意的好点子。对于活跃气氛他们更是擅长，因此他们很多时候都能够很好地充当团建工作的主力军。

但除了玩之外他们对任何事情都提不起兴趣。他们的思维没有

逻辑性，做事从来不认真，并且很容易就会把曾经受过的教训忘掉。所以，我很少会把重要的工作交托给他们。

七、成就型人格者眼中的领袖型人格者

你相信吗？他们是我最敬佩的人！他们具有十分强大的行动力，而且在我陷入低谷的时候他们总是能够第一时间鼓励我。他们对成功有着不一样的渴望，而且总是能够实现其远大目标。

不过我跟他们之间却很少会有共事的机会，毕竟他们有着十分强大的支配欲，我十分不愿意在他们的粗言秽语下做这做那，这让我感到很没面子。

八、成就型人格者眼中的和平型人格者

说真的，我觉得挺对不起他们的。每当我情绪低落的时候，我总喜欢找到他们倾诉，他们是很好的倾听者，他们愿意用心去聆听我的苦处，并且会尝试着了解我当时的苦恼。

不过，当我士气高昂的时候很可能就忽略了他们，因为他们在职场上基本没有任何办事效率可言，甚至根本就没有办法跟上我的工作节奏，而且他们也不习惯跟我共事，毕竟在一起工作的时候我总会给他们施加压力，而他们一直以来最怕的就是承受压力。

四号艺术型人格——我的世界从来没有雷同

在我们身边，总有那么一群人永远都有着无限的创造力，他们的创造力并不仅仅是来自工作，同时也是来自生活。不仅如此，他们对于生活还有一种与常人不同的态度。

他们不甘平凡，总是渴望着新的机遇，他们把生活过成了戏剧，把未来幻想成了渴望。在别人看来，他们的生活总是多姿多彩，但是又跟普通人的生活是那么的格格不入。

他们之中的大多数人对于社交都会感到别扭，他们只能够在自己的世界里任意遨游。虽然如此，熟悉他们的人都知道，他们的内心世界是那么纯洁，他们在自己的世界里悠然自得，在他们的脑子里仿佛有着各种各样常人无法触碰的美好。

然而，他们又是那么的敏感，他们对生活中的每一件事情都带着自我的感觉，并且能够将所有的事物都情绪化处理。对于喜欢的事物，他们把匠人精神发挥到极致。

他们是真实自我的表达者，也是这个庸碌世界里不一样的烟火。他们是我们今天要讲的四号人格——艺术型人格者。

艺术型人格者特征如下所示：

人生信条	我就是我，是颜色不一样的烟火
基本认知	在远方，一定还有我未曾看过的美妙
深层恐惧	容不下精神上的污迹，讨厌虚伪，厌倦随波逐流
性格特征	特立独行，富有创造力与洞察力，热爱幻想，有时候做事脱离实际，生活诗意但总会放大自己的感受，陷入痛苦的泥潭中
积极信号	能够坦诚待人，并且理解他人的感受，具有惊人的创造力，能够为生活带来美感与新生命
消极信号	对身边的事情失去兴趣，开始自我封闭，生活糜烂，脾气暴躁难以交流
处事风格	不甘平凡，追逐极致，具有匠人精神，有独立的思考能力
最佳职业	舞台演员、设计师、模特

性格长成：不被理解的童年

艺术型人格者有着其他人格者所没有的艺术性思维以及独处能力，他们在童年时期大多有过被父母抛弃或是不被理解的经历。强烈的缺失感以及孤独感使他们给自己的定位是被抛弃的孤独者，所以他们的内心往往有着一种不同于常人的孤独，渴望找到属于自己的价值所在。

哪怕是生活在一个完整的家庭中，艺术型人格者所处的家庭发生冷战的概率比起其他人格者要高。恰恰是这种不被父母理解的经历，使得他们的无助感渐渐麻木了他们的内心，从而形成了一种挥之不去的孤独感与伴随终生的缺失感。

为了平衡这种泛滥的缺失感，他们不得不拼命向外面的世界索取，并且把目光落在那些有缺陷的事物上，他们能够将这些美好与内心的孤独相融合，形成一种独特的、具有艺术性的想法。

另外，他们在生活中时刻渴望着找到那个完整的自己，并且相信在这个痛苦的过程中他们能够找到生命的本质，也能找到自己的价值。

性格初探：雷同就是对艺术型人格者最大的侮辱

艺术型人格者讨厌过着与常人雷同的生活，他们的生活态度独树一帜，或者说在他们的心里，始终无法接受自己“泯然众人”。

在我身边有这么一个朋友，他的生活态度恰好能够很好地体现出艺术型人格者的性格特征：文斯是一家外企的普通文员，他虽不安于此但为了生活又不得不忍受那些平淡枯燥的工作，于是乎他成了公司里的“请假大王”。

需要说明的是，他并不是一个懒惰的人，请假也不是为了满足他那渴望安逸的心，相反他逃离工作正是为了让生活多一点波澜。就在前几个月，他无理由地请了一个月的假，然后屁颠屁颠地跑到数百公里开外的城市里当一名小服务员。

按他的说法那是在体验生活，因为平日的工作太过于枯燥，因而他突然心血来潮跑到了外省从最底层的岗位做起。在经过了一个月的体验后，他得到了小餐厅老板的认可与信任，将他调到了领班的岗位，可就是这时候他辞去工作，回到了家乡。

当然，听了文斯的经历，我们几个朋友大多都已经见怪不怪。文斯并不是一个循规蹈矩的人，他虽然有固定工作，可是每隔一段时间便需要到别的地方去过段不一样的生活，他曾经就因为在一段工作中感到特别枯燥而选择辞职。

他曾经为了去体验人生百态而冒充记者四处采访路人；也曾经为了深入了解其他人的想法而考取了心理咨询师的从业资格证；为了看到不一样的风景，他加入了本土的一个野外协会，跟随着他们去探索生活中鲜为人知的美好风景。

他曾经跟我们说过：“如果每个人的生活都过得一模一样，那我看电影得了，为什么要亲自活一趟呢？”是的，文斯实际上就是一名艺术型人格者，他跟其他艺术型人格者一样需要定期探索一些不一样的生活，对于未知的向往与憧憬是他们生活的原动力之一。

他们的信念就像五月天的一句歌词：“如果人类的脸，长得全都相同，那么你和人们的不同，就看你怎么活。”艺术型人格者便拥有这样的性格，他们对人生有着不一样的体会，他们讨厌人云亦云的生活，随波逐流对于他们而言是难以忍受的，他们甚至对那些人人都去做的行为习惯感到厌恶。

就像文斯，他虽然拥有一份人人羡慕的工作，可实际上他并不喜欢这个每天工作内容千篇一律的岗位，甚至有时候都无法忍受每天在同一个地方上班的工作。于是他冒着失去工作的危险，也要到不同的地方去寻找跟他人不一样的体验。

不得不承认的是，他们喜欢在自己的生活中折腾，也同时乐在其中。艺术型人格者大多以自己独特的经历为傲，他们喜欢把生活变得“特殊”，并且满足于此。

但文斯的人际关系也会因此而弄得一团糟，他跟同事们少有共同话题，或者说他从心底不喜欢大家都讨论的千篇一律的话题。哪怕别人跟他谈起旅游跟文艺作品时，他对那些大众化的景点与作品亦是秉承着一种不屑一顾的态度。

他们习惯于漠视平凡的交际，觉得那不过是随手可得的生活常态，他们不知道为什么身边的人都安分度日，而不是珍惜有限的生命去寻找不一样的生活。

在艺术型人格者的内心有一片净土，那里安放着各种他们引以为傲的独特的经历。他们经常以此为精神食粮，来抵抗生活中的种种千篇一律。在他们看来，所有的雷同都是对生命的侮辱，他们打从心底幻想着自己不一样的人生和独特的经历。

职场攻略：情绪就是艺术型人格者的能力体现

思考：在职场上，艺术型人格的领导更看重属下哪方面的能力?

艺术型人格者并不是职场上的宠儿，他们是情感的专家，因而与需要理性输出的职场有点格格不入。相比其他人格者而言，他们在职场上的成就相对要少一些。

如果非得说艺术型人格者在职场上的优势的话，那么独特的创意可以说是他们面对职场时的唯一武器。艺术型人格者大多从事创作类工作，他们向往自由，厌倦千篇一律的职场生活，与其按部就班地工作，他们更愿意过不稳定但自由的生活。

作为重情感的主观者，他们经常在职场上犯错，甚至很多时候也觉得自己并不适合在职场上发展。

那么我们究竟应该如何跟艺术型人格的同事相处呢？别担心，一切自有窍门！

认真工作，无视艺术型人格者的情绪波动

在职场上，我们总是无法避免会遇到一些情绪波动比较大的同事，共事的时候我们总是很容易被他们的情绪所影响。而当我们发现领导在工作中很容易出现情绪波动的时候，那么不妨留意一下，因为这位领导很可能便是艺术型人格者。

艺术型人格者在职场上经常会出现情绪波动，他们很容易被工作的压力甚至是其他无关痛痒的小事干扰，经常处于极度亢奋或是极度压抑的情绪当中。

作为艺术型人格领导的部下，我们很可能会被他们的负面情绪所影响，从而降低我们的工作效率，或者是导致我们在工作中出错。

笨笨就曾经遇到过这样的上司。

几年前笨笨在一家小型企业上班，她的上司经常为了一些鸡毛蒜皮的小事大发雷霆，笨笨也没少被骂。

有一次笨笨按惯例上交当天的市场调查报告，可笨笨的上司当时只是粗略地看了一眼后便将报告放置一旁，并且就一些无关痛痒的小事批评了笨笨一番。

突如其来的责备让笨笨的心情跌入了谷底，并且一整天都被这种负面情绪影响。结果当天笨笨错把公司业务的成本价格错发了给一个大客户，给公司带来了不少的亏损，而笨笨也因此被公司辞退。

在这个故事中，笨笨因为自己的粗心大意而犯错自然应该接受惩罚，但笨笨的上司同样也应该承担一部分的责任。他无端发泄的负面情绪严重地影响了员工工作时的情绪，即使笨笨没有因此而犯错，领导无端的情绪波动对于员工的工作效率也是有百害而无一利的。

所以，作为艺术型人格领导的部下，我们应该学会看淡他们的情绪化，并且将此看作是一种常态，专注于将精力与焦点都放在本职工作之上，切忌陷入他们的情绪波动之中，受他们的情绪影响。

毕竟作为一名员工，工作能力与工作业绩才是最重要的，不是吗?

坚定立场，直面艺术型人格者的善变敏感

如果要对职场上的艺术型人格者做一个定位，那么他们很可能是企业的一对触角。

艺术型人格者在职场上有着敏感的触觉，哪怕是一些小小的变故他们都能够完全地接收，继而将事情再三放大，获取其中有价值的信息。

只是决策层的艺术型人格管理人员总会过分放大外界的影响，使得他们不断地改变想法，这种反复无常的行为经常会导致团队犯下一些错误。

林长所在的部门最近接下了一个加急的项目。由于项目时间太过于紧迫，因此部门主管要求所有员工都必须加班加点完成工作。

只是第二天部门主管在跟对方客户沟通过以后，他发现对方的语气并不如他想象中那般迫切，因而他又要求部门可适当放缓赶工进度，取消加班。

作为与客户对接的林长深知这个项目的时效性要求，因此他不止一次向主管反映问题，可每次部门主管都一句话带过。看到部门主管胸有成竹的样子，林长虽然对项目的进度感到忧心，一时间也无计可施。

后来，客户找到部门主管催促项目进展，并且表示过几天将前往验收项目，这让部门主管突然间慌了神。当天晚上，主管让部门所有员工都留下来加班赶进度，巨大的工作量让整个部门怨声连连。

几天后，客户找到林长所在的部门要求验收项目，但整个项目的完成率还不到一半，这让客户对他们失去了信任，当场中断了合作。

在实际工作中，艺术型人格的领导就像是故事里的部门主管一样，他们在面对决策的时候会展现出自己善变的一面。他们做了一个决定后很可能会随时推翻，但到了后来又会重新采用。

其中最主要的原因还是艺术型人格者习惯于根据个人的情绪与见解来做出决策，而多变的情绪往往使得他们的决策出现错误，这样的处事方式除了让手下的员工感到无所适从以外，也很可能会误了事情，犯下不可弥补的错误。

所以，作为艺术型人格领导手下的员工，在跟他们沟通的时候切记要留意他们的情绪变化，并且一切以最终的目标作为决策向导，避免因为他们一时的情绪变动而改变了整件事情的走向。

面对艺术型人格领导的善变，我们不妨将初定的想法以及他们当时的想法做出对比，然后跟他们适当地分析利弊，而不是对艺术型人格领导言听计从。毕竟，有时候坚定立场地完成自己的工作，比起阿谀奉承的工作态度更加容易得到领导的赞赏。

多跟艺术型员工单独探讨

艺术型员工有比较强的创造力，而且他们经常会注意到别的人格者不曾注意到的细节。所以在工作中，他们很多时候都能够迸发出独特的创意，帮助团队创新发展。

只是，他们的内心始终烙印着不可磨灭的缺失感，他们害怕自己的创意被嘲笑，也害怕他人不理解自己的想法，因此他们很多时候都将自己的想法藏在心里，或是只透露其中的一小部分关键想法。

作为某外资企业设计总监的林总最近遇上了麻烦：最近林总正为客户设计一个新的项目，但由于客户的要求过于严苛，加上部门最近人手紧缺，因此项目进展迟迟难以推进。

为了满足客户的需求，林总夜以继日地要求部门同事进行头脑风暴，可实际上部门的好几稿设计都被客户否决。为此，林总急得百爪挠心，却又无计可施。

直到某天林总下班准备回家的时候，发现新来的实习生小杨正在完善一款新的设计图。

原来，小杨从小就喜欢设计，而且大学的时候也花了不少时间学习平面设计，但由于进入公司时间不长，很少参与设计的工作，所以小杨便经常根据公司的设计任务加班进行模拟操作，并且把自己的作品与其他老员工的作品做对比。

拥有多年设计经验的林总意识到，这款设计图跟客户所要求的设计基本吻合，于是林总马上让小杨把设计图打印好，并将样图带到办公室去。

让林总没想到的是，这位平时基本很少参与设计的实习生设计出来的作品竟然能够给自己耳目一新的感觉。跟小杨聊了一会儿后，林总发现眼前的这个年轻人居然有着跟平常人不一样的创作理念与见解，而且他拥有扎实的设计基础，是一个不可多得的潜力人才。

果不其然，小杨的作品很快就得到了客户的赞赏，困扰林总的难题在小杨的帮助下终于得到了解决。

如果单单以创新而言，艺术型人格的员工绝对是九种基本人格中的首选，独特的创意与见解能够在很大程度上促进团队成长，所以艺术型人格的员工在团队中有着不可忽视的作用。

只是，现实中很多领导都无法驾驭艺术型人格员工，毕竟他们很多时候对身边的人和事都没有太大的兴趣，只喜欢沉浸在自己的情绪中。所以，很多人并不会很重视他们，以至于很多绝妙的构思也只能沦为他们心里头的一个稍纵即逝的想法。

艺术型人格者一直都在自信与自卑之间徘徊，一方面他们对自己的构思与想法无比自信，但在众人面前却又会感到自卑。所以，作为领导的我们应当引导他们说出自己的想法，并且鼓励他们说出自己独特、新颖的想法，如此才能够将艺术型人格者的个性与工作完美结合，最大限度地发挥艺术型人格员工的潜力。

爱情秘籍：入世的浪漫诗人

思考：艺术型人格者的浪漫真的是你想要的吗？

在爱情中，艺术型人格者的爱情关键词是“浪漫”，他们的脑子里总有着各种出乎意料的想法以及让人欣喜若狂的举动，对于不少艺术型人格者的伴侣而言，惊喜是他们在爱情中不曾缺少的元素。

只是要维持与艺术型人格者的感情并不容易。要知道，过于浪漫的感情会渐渐消磨掉一对情侣彼此的精力与心神。毕竟浪漫只是爱情中的一个小部分，是情侣生活中用以点缀的亮光，而不是感情世界里的主旋律，因为大多数人的爱情需要的是一份安稳的平淡，还有相濡以沫的相互扶持。

艺术型人格者在爱情中则无比注重浪漫，并且时刻跟着感觉走的他们很容易出现情绪波动。是的，他们十分敏感，只要一点小小的事情就能够引起他们的暴怒或狂喜，而且他们在生活中不断追求着跌宕起伏的经历，长期过着这样生活的伴侣经常会感到身心疲惫，从而放弃这段“浪漫”的感情。

所以，在爱情路上磕磕碰碰的艺术型人格者总是把希望寄托在未来的幻想中，他们渴望在未来的某一天能够找到一个与自己同步的灵魂伴侣，他们时刻为未来储备着各种浪漫，等待着爱情来临的那一刻。

时刻包容艺术型人格者的消极情绪

如果你的伴侣恰好是艺术型人格者，那么你一定能够感受到他们的内心时刻都有一种患得患失的感觉。没错，这就是艺术型人格者最大的特点，在爱情中他们会给予你独特的浪漫，但更多时候他们会沉浸在内心的缺失感之中，偶尔还会显现出消极的态度。

他们的情感就如古今众多文学作品一样，深邃而带有一丝挥之不去的忧郁，他们习惯以消极的态度去看待身边的人和事，并且会将原本无关痛痒的缺失无限放大。更重要的是，一旦他们以消极的心态去看待伴侣，他们便会陷入不确定性与不安全感之中，因而处处挑剔伴侣的不是，使得双方关系陷入僵持与矛盾之中。

比如说，一旦他们的无心之失遭到了伴侣的责备，他们的内心便会断定伴侣有变心的倾向，并误认为他们有意挑起两人间的矛盾，并打算借助争吵断绝彼此的关系。

国华的女朋友便是典型的艺术型人格者。某天国华由于临时任务需要加班，因此他给女朋友打电话说自己不回家吃晚饭。然而，国华的女朋友得知后便开始各种抱怨，说国华最近回家越来越晚，现在甚至离谱得连回家吃饭也不愿意。

本来因为工作忙得焦头烂额的国华听到了女友的抱怨后，难免怒由心生，于是两人因此而吵了起来。

其实，这种因为小事而暴怒的情况在艺术型人格者身上屡屡发生，一来他们在熟悉的伴侣面前并不过多地掩饰自己的负面情绪；

二来他们习惯用消极的态度去看待任何事物，比如说女友知道国华不回家吃饭后她的内心会产生消极的看法：他不愿意回家跟我一起吃饭。正是这种消极的心态让国华的女友感到心烦。

所以，作为艺术型人格者的伴侣，我们要学会去理解他们的消极心态，甚至要尝试着利用各种方法化解他们的消极心态。

当你真的愿意为了彼此的这段恋情而磨合的时候，你会发现与艺术型人格者的恋爱也并没有想象中的难：无非一面是浪漫，一面是包容罢了。

为艺术型人格者的生活创造一点戏剧性

在爱情中，艺术型人格者有一个特别的想法："只有独特的人，才有资格享受爱情的美好。"他们不能接受自己在爱情中的表现平平无奇，总是想方设地给伴侣带去更多不同的体验。

总的来说，他们希望能够亲身感受电影里发生的戏剧性情节，而他们也愿意去创造这种戏剧性的变化——这是他们生性浪漫的源头，也是他们喜欢放大情感体验的核心原因。

他们在爱情中追求与众不同的体验，哪怕在平淡的日子里他们也会联想着各种戏剧性的变化，以此解闷。因此，作为艺术型人格者的伴侣，我们不妨配合他们一起为生活创造出更多戏剧性的体验，一起感受他们所向往的爱情。

蜗牛先生是我们一群好友朋友圈里为数不多的单身男子，三十出头的他其实条件尚可，也参加过无数次的相亲活动，但每次他都以相亲对象太过于无趣为由，主动疏离了对方。

最近，蜗牛先生机缘巧合下认识了一名女生，而且没过多久蜗牛先生便主动向女生示爱，过了半年两人甜蜜如初，恩爱有加的他们后来更是结为连理。

婚礼上，主持人问蜗牛先生为什么选择了那位女士作为自己的妻子，蜗牛先生告诉我们："这一切都是因为缘分，遇到她以后我找到了心动的感觉。"

其实我们在座的所有人都清楚，蜗牛先生口中心动的感觉就是这名女生愿意为他创造出戏剧性的生活：他们喜欢到唯美浪漫的旅游景点互诉爱意；情人节的时候，蜗牛先生抱着一大束花站在她公司门前的时候，她能够表现出满心欢喜；他们还喜欢到影视剧的取景地去感受电影中的气氛……

这一些独特的经历让蜗牛先生认定了这位女生就是他寻找已久的灵魂伴侣。

艺术型人格者对于伴侣的要求很独特，希望是能够与他们有独特情感交流的伴侣。当彼此之间有情感交流时，艺术型人格者那富有戏剧性的幻想便能够将对方传递而来的情感放大，从而触发心动的感觉。

因此，作为艺术型人格者伴侣的我们如果感觉到彼此的感情开始乏味的话，不妨可以考虑换一个地方生活一段时间，或者给他送平时不常送的礼物，说平时不常说的情话。哪怕是说一声"我爱你"也好，这些戏剧性的举动会让你和艺术型人格者之间的感情甜蜜如初。

无论多喜欢，也要跟艺术型人格者保持适当距离

艺术型人格者在爱情中是浪漫的化身，一个突出的表现便是他们对待伴侣的时候喜欢若即若离。

小洲跟相恋多年的女朋友分手就是因为他觉得女朋友太过于粘人了。在给女朋友的分手信中，他这么写道：

“感谢你这些年的相伴，可现在我必须要离开你。老实说，你曾经给过我许多感动的瞬间，也曾让我感受到爱情的折磨，可这些都不是我要离开你的原因。我决定跟你分手，是因为我无法忍受你经常出现在我的生活当中，无论是面对面的交流抑或是电话沟通，长期的亲密关系让我感到无比别扭。如今，你的存在在我看来就像是对我的监控一般，将我的一切都看得清清楚楚，我无法忍受这样的生活，所以请原谅我的离去。”

在通信发达的年代，选择用手写分手信的举动完全符合艺术型人格者渴望与众不同的思维。而且从分手信的内容我们可以看到，正是在这段感情中长期近距离接触使小洲无法继续保持他的神秘感，从而无法忍受这段恋情继续发展下去。

这就是艺术型人格者，他们十分注重感情中两人相处时的距离。如果双方距离太过遥远的话，那么他们会想方设法接近对方；如果双方距离太过亲密，那他们便会不顾一切地推开对方。

很多人认为，若即若离的伴侣很难给人安全感，实际上艺术型人格者对待伴侣若即若离的态度也导致他们经常被人看作是登徒

浪子。

但艺术型人格者真的是花心的人吗？不一定，这种对待伴侣若即若离的举动其实还是他们的性格所致。

一方面，绝大多数艺术型人格者的内心充满着缺失感，他们害怕被伴侣遗弃，害怕遭到背叛，因此他们的内心有这么一种想法：自己要时刻保持一种神秘感，如此才能够不断吸引对方靠近。

另一方面，渴望戏剧性使艺术型人格者对待感情有这么一种想法：如果我爱你，那么我必须远离你，否则这段感情就会趋于平庸；我离开你以后，我的思念会如潮水般汹涌，这更能够让我感受到我的爱意有多么浓烈。

艺术型人格者并不是很愿意伴侣经常与他们近距离接触，他们喜欢采取一种“疏远——靠近——疏远”的方式来保持自己的神秘感与感情的新鲜感。

从爱情的角度而言，艺术型人格者的确是创造浪漫与惊喜的一把好手，他们情绪化的性格以及独特的举动会让伴侣在建立关系后的一段时间感受到他们的魅力。

但随着时间的推移，艺术型人格者这种“掌控”爱情的方式会让伴侣感到身心疲惫。因此，想要跟艺术型人格者长期维系一段感情的话，应该理解他们这种对待感情的方式，并接受他们这种“距离产生美”的观念，偶尔跟他们保持一定的距离。

假如你是艺术型人格者

一、艺术型人格者眼中的完美型人格者

他们条理清晰，而且有着坚定的信念，认定了的事情便会不顾一切地实现，容不得一丝的差错。他们有热心肠，总是帮助身边的人处理细节问题，每次有人向他们请教的时候我总能够感受到他们内心的喜悦。

不过他们这种严肃认真的性格并不讨喜，他们做事从来都不讲情面，无论谁犯错了总会遭到他们的严厉批评，而且他们喜欢强迫他人按照他们的意愿办事，这是我最没有办法容忍的事情。

二、艺术型人格者眼中的助人型人格者

在某个程度上，他们是我人生中不可多得的伯乐。他们对我的创造力与审美能力十分赞赏，而且他们喜欢听我诉说我的情感，这让我在他们身上感到了温暖。他们有一种神奇的魔力，能够将我心里的忧郁一扫而光。

不过有时候他们也没有办法明白我心里的情感变化，他们喜欢猜测，然后提出一些建议。其实我真正需要的是他们的陪伴，而不需要什么实质上的建议。

三、艺术型人格者眼中的成就型人格者

我和他们看到的世界完全是不一样的。他们为人热情，做事乐观活跃，在他们眼中总能够看到希望与目标。他们的积极乐观会给身边的人带来不同程度的影响。

而我更喜欢关注事情的负面影响，这会让我更加真实地感受到自己的存在。在我看来，他们总是喜欢逃避挫折，而且会因为他人的目光而压抑自己真实的情感，这样的生活态度就像是行尸走肉。

四、艺术型人格者眼中的理智型人格者

他们让我感到既羡慕又讨厌。一方面我讨厌他们这种断绝情感的生活态度，在他们的眼中，世界上的一切都能够以科学去解释，这种冷漠地对待生活的态度让他们的人生逊色不少。

另一方面我又十分羡慕他们能够不被自己主观情绪影响的状态，他们可以理性地洞察身边任何事物的细微变化，而且不会被自己的情绪所裹挟，以与生俱来的冷静处理所有问题。

五、艺术型人格者眼中的疑惑型人格者

从他们身上我看到了谨慎与周密。无论做什么事情，他们总会第一时间想着如何去规避风险。他们做事踏实勤奋，而且面对未知的风险时他们能够以一种质疑的态度去对待。

只是这种性格也让他们做事犹豫不决，他们经常质疑我的想法，而且会以讥讽的态度去看待任何主观态度。他们的内心比我更加消极，活在深刻的矛盾之中，一方面他们想要在生活中寻找安全感，但另一方面又对任何事物都采取质疑的态度。

六、艺术型人格者眼中的活跃型人格者

这是一个给人带来欢乐的群体。他们的思维跳脱，为人轻松活泼。精力充沛的他们总是出现在各种冒险活动中，他们跟我一样厌倦世俗，喜欢追求不一样的人生。

只是他们仿佛没有感知情感的能力，他们就好像是一味追求刺激与快乐的动物，对任何事情都缺乏耐心与同情心，在他们看来别人的困难不过是他们生活中的笑料，而且缺乏责任心的他们也总是会影响到别人，让人费心。

七、艺术型人格者眼中的领袖型人格者

他们身上有一种十分强硬的领导气质，他们愿意利用自己的资源与能力去保护弱者，跟他们相处会让人很有安全感。当我感到悲伤的时候，他们总是以他们的方式鼓舞我。

不过他们处事的方式过于粗鲁，有时候为了达到目的不惜伤害他人，他们认为我活在自己的世界中是一件愚蠢的事情，所以会下意识地忽略我的存在。

八、艺术型人格者眼中的和平型人格者

他们是我的倾听者，我情绪不好时他们总能够耐心地倾听。他们从来不会干预我的主观情绪，也不会试图扭曲我的观点。很多时候我甚至觉得他们完全能够理解我的心情，这让我渐渐地喜欢上与他们交流。

不过我跟他们之间无法做到公平地交流，因为他们不懂得如何表达情绪，跟他们相处的时候如果我不主动说话，他们也愿意静静地坐在一旁。

五号理智型人格——巨人肩膀上的眺望者

社会中形形色色的人群里，有一类人被我们称作“书呆子”。但他们只是不愿意过多地参与人际交往，而让自己有更多的时间去追求精神生活。

他们当中的大多数都不爱社交，并且将他们内心的追求视若至宝。他们喜欢沉浸在自己的学术当中，对于物质要求并不太高，而对精神生活有着严格的要求。

他们有着渊博的知识与客观的分析能力，喜欢将自己从生活中抽离，以旁观者的角度去看待所有的事情，并且做出最客观、理性的分析，避免自己的情感融入任何事件当中。在他们看来，感性非但不能够处理好身边所有事项，还会给事情带来许多不必要的麻烦，真正解决问题还必须依靠知识与理性。因此，无论遇到怎样的难题，从容与冷静都是他们对待事物的重要武器。

他们不但处事方式如此，交际方式也一样，他们习惯以旁观者的身份去对待每一段人际关系，直到自己有把握驾驭这段关系时他们才投入参与。

冷静、谨慎并且独善其身，这就是我们要讲的第五号人格——理智型人格者。

理智型人格者的特点如下所示：

人生信条	通过知识，能够看到生活的真相
基本认知	理论与理性才是掌控生活的根本
深层恐惧	无法填补内心的求知欲，对事情无能为力的感觉
性格特征	喜欢默默地躲在人群中，不愿意别人过多打扰自己的生活，对知识与理论过于贪婪，习惯将生活细节理论化
积极信号	学富五车，深思熟虑，能够沉着应对眼前的危机
消极信号	过于自我，自视甚高，并且不喜欢社交
处事风格	喜欢远程操控他人，将事情引导至自己的意料之中，喜欢与进取型的人搭档
最佳职业	科研人员、教授、学者、作家

性格长成：逃避世界的求知者

我们都听说过这样的孩子：他们不喜欢社交，而是喜欢一个人静静地在房间里看书。他们大多嗜书，而且对不同的事物有着超龄的理解能力与看法。

这类型的孩子，长大以后有很大的概率拥有理智型性格。

理智型人格者的童年大多都遭遇过父母的无理要求：或者是一些他们十分不愿意做的事情，又或者是一些他们力所不能及的事。久而久之，他们不愿意与父母在内的大部分人交往，习惯自己在知识的海洋中独处。

在这样环境下长大的理智型人格者无法确认自己的价值，认为自己的力量只能用于他人的消耗。因而，他们的心理防御机制为他们设定了一种远离人群的性格，与人群的空间越远，他们内心的安全感便越充足。

除了特别重视私人空间之外，他们还十分重视对知识的吸取。不管是年幼时抑或是长大以后，他们对知识都有着超乎其他人格者的渴求，而这一切都源自他们渴望掌控环境的心理。

性格初探：知识，就是理智型人格者的安全感

一般而言，我们身边的朋友基本可以分为这么两类：一种是追崇人际交往的人，他们在毕业后从事销售、业务、跟单等需要与人长期接触的工作；而另一种是推崇学术与知识的人，他们很可能在不断的自我提升中成为技术核心、匠人等等。

这两种分支所代表的是不同性格者的发展规划，有的人热爱交际，并且以交际能力作为自己在社会上安身立命的本领，如助人型人格者、活跃型人格者等；有的人热爱学术研究，通过不断地学习知识理论来提升自己的知识水平，其中在这方面最突出的莫过于理智型人格者。

究竟理智型人格者是怎样一类人呢？我们可以从牛顿曾经说过的一句话里看出来：“我看得远，是因为我站在巨人的肩膀上。”在现实中，理智型人格者也一样，他们宁愿终日与学术做伴也甚少参

加低质量的应酬，他们愿意站在巨人的肩膀上眺望整个世界。

在他们的眼中，生活中的万物都有其潜在规律，一切都能够通过理论与学术去解释，与其通过应酬、交往将自己的命运和未来交托到他人手上，还不如对生活多加思考与学习，通过努力成为生活里真正的主人。

理智型人格者习惯在某个范畴中不断地收集各类型信息，并且将所收集而来的信息整理为己用。对于现实的把控以及知识的追求便是他们不断求进的动力。在现实生活中，他们并非人际交往的热衷者，但是却能够做好身边的人际交往。

举个例子，当我们与理智型人格者初次沟通的时候，也许不能够第一眼就看出他们是热爱独处的“读书人”，反而会被他们的交流技巧所震惊。在大多数情况下，理智型人格者并非我们口中的“书呆子”，他们精通交流之术，而且能够洞悉事情的本质。可是，他们虽然拥有交流的能力，却不愿意长时间与他人交流。

当我们发现理智型人格者不愿意过多地跟我们交流时，大可不必怀疑自己与他们之间的关系是否出现了裂痕，主要还是因为他们宁愿自得其乐。

对于理智型人格者而言，知识与理论就是他们为人处世的最重要后盾。我有一个朋友便属于理智型人格者，他从小喜欢读书，甚少参与集体活动及体育锻炼，除了偶尔参与大学社团的学术分享以外，他很少主动与人交往。

我们跟他虽然是舍友，但大学四年我们对他并非十分熟悉，只知道他是一个心地善良而又不善言辞的人。有时候我们宿舍几人一同看电影时，他总是在一旁捣鼓着自己的事情，从来不参与我们的活动；好几次我们宿舍聚餐，他都只是逢场作戏般与大家闲聊几句便回到书桌前继续自己的事情。很多时候我们都不能理解他的孤僻，但又对他这种潜心求学的态度感到敬佩。

在推崇人际关系重要性的大学生涯里，我们一度以为他的性格无法在社会上生存。尤其是当时我们将社会上的成功人士定义为一呼百应、高朋满座，他的被动与寡言一度被我们看作是“反人类”的存在。

可是让人惊讶的是，在我们大家的毕业工作都还没有着落时，他便由于出色的钻研能力被本地的某研究院招揽其中。直到将近十年后的如今，他依然在研究院里对某生物领域进行深度研究。毕业后的好几次聚会中，他的表现都不甚活跃。当我们谈及某些观点时他会发表自己的意见，并且愿意大家就他的意见进行交流，但每当我们谈及他的工作时，他总是沉默不语或是转移话题。

是的，很多时候理智型人格者都是这样，他们喜欢从人际交流中抽离自己，以一种局外人的理智去看待所有事物，偶尔会提出自己的意见，并且享受自己提出的意见影响大众认知的过程。

他们很容易沉浸在自己的学术氛围中悠然自得，对于他们而言，每天都有学不完的知识，也有看不完的书。他们就在这看似枯燥的生活中享受着知识带给他们的满足感与乐趣。

职场攻略：冷漠的知识型专家

思考：如何能够在职场上成为理智型人格者最好的搭档？

理智型人格者在职场上通常以一种沉默寡言、醉心工作的形象出现。他们甚少关心人际交往等事项，而是一心一意地负责技术的研发与支持。

在理智型人格者自己看来，那些负责应酬或是协调的同事所从事的工作是不实在的，唯有真正的技术研究以及理论应用等知识才值得他们去深究。所以，理智型人格者希望自己在职场上的定位是“领域专家”。

理智型人格者的知识量以及其思想深度的确远远超过其他人格者，但碍于冷淡且孤傲的性格，他们在职场上往往是形单影只的存在。

理智型人格者会因为自己形单影只而感到孤独吗？不！那是他们向往的最好的工作环境！

避免与理智型领导直接沟通

理智型人格者在职场上大多负责技术以及科研方面的工作，在他们当中甚少人会从事管理岗位或是其他需要协调的工种。

但凡事均有例外，如果我们的上司正好是理智型人格者的话，那么应尽可能避免与他们直接沟通，而是采取微信、QQ 等社交软件去汇报工作。

小六所在的部门有一个不成文的规定：如果不是十分重要的事情，员工尽量通过 QQ 跟领导请示工作。在这个部门中，领导有一间独立的办公室，而且跟其他部门不同的是，部门主管的办公室安装了木门，也就是说在工作期间领导与员工之间看不见对方。

对于领导的性格与处事方式，小六一无所知。他对于领导的唯一印象便是偶尔加班时看到从木门背后走出来的高大身影。

自从学习了九型人格以后，小六开始认为这位领导很可能是理智型人格者，他们具有清晰的逻辑与理智的思维，对自己的专业有十分深入的研究。可是他们却并不喜欢参与人际交往，甚至很多时候不愿意与人面对面沟通。

他们最喜欢通过文字的方式进行工作沟通，如此一来非但能够化解他们“社交恐惧”的尴尬，同时在屏幕后方的他们也拥有更多时间去思考与分析。

因此，作为理智型人格者的下属，需要充分理解领导的嗜好，尽量不要打扰理智型领导的工作。如果有重要事情需要面对面交谈的话，不妨尝试给他们发一则信息，说明需要面谈的原因，待得到领导认可后再约定面谈时间，给予理智型领导相应的思考时间与准备。

帮助理智型员工走出逻辑怪圈

在职场上，大多数的理智型员工都有一种独特的能力：把身边的所有事情都上升到理论层面。

也是因为这个缘故，他们的思维总是固定在理论上，尝试用刻板的理论套入生活当中，做出违背现实的“蠢事”。

很多人习惯把职场上一部分的理智型人格者称作“书呆子”，不过这并不代表他们的智商低下，只是因为他们无法将思维顺利从书中的理论过渡到生活里头，从而使得他们脑海中的理论形成了一个无法突破的逻辑怪圈，限制了他们的行动。

黄工管理的研发部门最近研发出了一套新的 App， App 经过内部试用后，黄工打算将这款 App 马上投放市场。可主要负责软件开发的同事李可则对此持有反对意见，并且建议再考察下软件的稳定性再作考虑。

在一次交谈中，李可说：“我觉得这款 App 目前还存在许多不稳定的因素，我建议部门可以花半年时间继续调整，等 App 完善以后再投放市场。”

黄工瞄了一眼正在运行的 App，说：“可是我们与其闭门造车，还不如尽早将软件投放市场，然后及时获得反馈。”

“但是根据我的调查发现，目前同类型的软件在市场上的活跃度不高，我们难道不应该等下一个风口期吗？据我估计，两个月后这类型软件的活跃度将开始持续上升。”

黄工思考了片刻：“如果是这样的话，我更建议马上把产品投放，这样等到同款 App 活跃度上升的时候，我们的 App 便已经积累了足够的基础用户了。”

“好吧，我知道了，我现在就回去准备一下，我们初定在半个月后完成产品的投放，你说这样可以吗？”

“不必那么久，App 内有足够的反馈功能，我现在马上筹备前期宣传策划，App 在一周后即可投放。”

故事中的李可就是一名实实在在的理智型人格者，作为 App 主要开发者的他拥有着极其强大的业务能力，而且能够独立思考，对项目发展流程有自己的一套实行方案。

但有所欠缺的是，他们在工作时注重于理论的可行性，而缺乏了灵活处理事情的行动力。很多理智型人格者就像李可一样，有着十分强大的逻辑能力，但却总被他们的逻辑思维能力所束缚。任何事情在面对理论上的欠缺时他们总是需要思考半天，下不定决心去突破理论与自己的思维定式。

所以，作为理智型员工的领导，我们的首要任务就是帮助理智型人格的员工从理论中走出来，通过理论与现实的结合进一步提高自身的能力与处事效率，而不是一味地纸上谈兵，空谈理论。

避免安排理智型员工参与应酬

随着社会的发展，工作应酬是社会人难免的一种工作方式，可是对于理智型人格者而言，他们的性格实在是无法胜任这一项工作。

理智型员工对于私人空间有着极度的渴求，他们不愿意与他人打交道，也不愿意把精力浪费在人际交往之中。相比起工作应酬，他们宁愿待在自己的小书房里悠然自得。所以，在现实生活中，理智型员工大多都从事技术类的工作，他们无法胜任那些需要频繁与人交往的工作。

作为某外资企业技术部门主管的秦光便经常为此而感到苦恼：一方面他十分热爱企业为他提供的独立办公室与研发空间，另一方面他却又十分抗拒与供应商对接时循例的应酬活动。

秦光觉得，有这个时间与供应商应酬，还不如多多钻研业务，生产出更具有价值的产品。而且，每当秦光与供应商洽谈的时候，他都紧张得说不出话来，甚至在应酬之前还会出现干呕、晕眩等过度紧张的症状，没在供应商面前少出洋相。

许多理智型员工都跟秦光一样，他们恐惧所有的社交活动，甚至会因为被迫应酬而紧张，产生严重的抗拒感。

所以，领导要最大限度地发掘理智型人格者的潜能，首先要理解他们喜欢独处与热爱思考的性格特征，合理利用他们强大的逻辑以及博学的优势，在研发中给予他们最大的支持，而尽量避免安排他们参与应酬。

如此一来，理智型员工不但能够全心全意地投入工作之中，同时也会对领导的安排感恩，竭尽全力帮助团队。

爱情秘籍：爱情中专一的学者

相信有不少人都曾经梦想过与“学者”谈一场平平淡淡的甜蜜恋爱，感受他们温文儒雅的举止、细声慢语的耐心，还有那温柔暖心的生活细节。

可是，现实真的是这样吗？我们不妨从理智型人格者的爱情观里头窥探一二。

理智型人格者的爱情关键词是“理智”，理智型人格者充满理智的性格与感性且冲动的爱情，实在是有点格格不入。

很多人认为，爱情就是两段不同的人生结合而产生的化学反应，可是这种水乳交融的观念无法得到理智型人格者的认同。作为九种基本人格中最不合群的理智型人格者，他们眼中的爱情是两个人走在两条平行的路线中，方向一致却又互相独立。

他们在任何一段感情中都需要绝对的私人空间，喜欢独立的生活以及遨游在知识与信息的海洋中，所以不积极参与人际交往的理智型人格者很难开展一段新感情，哪怕是与对方确定了伴侣关系后，他们也很难抓住眼前的缘分。

所以，要成为理智型人格者的伴侣，需要的不仅仅是对爱情的向往以及倾己所有的付出，更需要懂得他们的理智与想法，给予他们足够的私人空间与理解，共同踏上一段“特立独行”的甜蜜之旅。

安于成为他们“爱情区”的唯一

曾经在网上有一个调查：伴侣的哪些举动让你对一段爱情突然拥有了安全感？其中，获得点赞最多的答案是当伴侣将自己介绍给他的朋友与家人的时候，往往能让人感受到满满的安全感。

但很可惜的是，理智型人格者的伴侣往往很难感受到这样的瞬间。因为，对个人空间有绝对需求的理智型人格者习惯于将伴侣从他们的朋友圈子里隔离，避免自己的情感生活与人际交往混为一谈，产生许多不必要的麻烦与额外的交际。

最近叶花遇到了感情上的难题：她与男朋友已经相识三年，家里人都催促她赶紧跟男友结为连理，可叶花却始终下不了决心。

其中最重要的原因还是叶花感觉自己并没有完全了解身边的伴侣。相恋多年，男友从来没有向自己主动介绍他生活的圈子，就连见家长此等大事也是在家长不断催促下他才勉强答应。

一开始，叶花还以为男友性格腼腆，所以主动去融入他的生活。但后来叶花发现，男友不仅不会主动将她介绍给身边的朋友，而且对于她融入自己的生活这事还有着明显的抗拒。

虽然，如今叶花与男友的感情融洽，而且她对这位不善交际的男友无比放心。但她始终对男友不愿把自己介绍给身边人这事耿耿于怀，以致她缺乏足够的安全感与信心去迎接两人感情的新阶段。

从故事里可以看出，叶花的男朋友很可能就是理智型的人格者，他们对各种情感有着十分精细的区分，他们的脑子里仿佛摆放着各种抽屉，将生活中遇到的种种情感分门别类。在他们看来，爱情就是爱情，友情就是友情，两者根本不能混为一谈。

在现实生活中，他们对待这两种情感也采取不同的态度，理智的他们绝对不允许自己将这些情感给混淆。也就是说，一旦理智型人格者将对方看作是朋友，那么他们基本就不存在发展成爱情的可能性；同样，他们认为伴侣应该只存在于自己的感情世界里，与自己的人际交往根本不应该有任何交集。

这是理智型人格者与生俱来的性格，他们懂得如何在身边一段段人际交往中设立隔离网，而且对于那些想要“越过”隔离网的行为感到厌倦。

作为理智型人格者的伴侣，在跟他们交往之前最好先了解清楚他们的这种特质。为了避免不必要的人际交往与麻烦，他们的脑子里会将身边人分成“友谊区”“爱情区”“工作区”等区域，并且以独特的态度去对待不同区域的人。

所以，很多时候在跟理智型人格者交往的时候，只需要做好他们认知里“爱情区”的唯一即可，切勿尝试着了解其他区域，这会使他们感到厌烦。

主动包揽生活中的琐事

在理智型人格者眼中，生活中所有的事情都能够通过科学与知识解决，他们是绝对的理性主义者，也是生活中为数不多的“情感绝缘者”。

他们不屑于大多数情侣在谈恋爱时喜欢做的事情：山盟海誓、烛光晚餐、浪漫之旅等等举动对于他们而言只是浪费时间的行为，甚至生活中的种种琐事也会使他们勃然大怒——浪费了他们提升自我的时间。

柔柔前阵子因公出差半个月，她老公的生活便因此变得一团糟。

柔柔说自己回家的那天，发现原本整洁有序的家变成了一个臭气熏天的垃圾场：多日未洗的衣服随意地扔在沙发上，散发出阵阵恶臭；吃过的方便面桶堆满茶几，并惹来了一群苍蝇；屋里的厕所已经堵塞了一段时间……

看到这样的情况，柔柔不禁怒火中烧，她找到了正躲在书房里翻书的老公，可没等柔柔开口，老公便马上责备她干扰到自己读书。

也许很多人都没有办法接受理智型人格者的生活方式，他们对于外在的环境要求不高，他们觉得无论居住的环境是整洁抑或是脏乱，只要不干扰他们对知识与学术的追求，那便是一间可以居住的房子。

当然，这并不代表他们天生便不拘小节，只是大多数理智型人格者都无法单独处理好生活中的琐事，他们不屑于处理生活物资短缺、修理物资等问题，甚至在不影响学术钻研的情况下，他们连一个报修电话也不愿意打。

在很多人眼中，他们是学术界的巨人，却不是生活中的及格者。所以，理智型人格者的伴侣需要花费更多的精力去照顾他们的生活，帮助他们打理日常琐事，好让他们不必为了生活的琐事而分心。

如此一来，他们虽然沉浸在学术之中，亦能感受到你为他付出的一切：为他创造一个舒适的居住环境、照顾他的起居饮食，他们会把自己钻研之外的所有精力放在你的身上，并且逐渐愿意与你进行亲密的交流，过上“与子偕老”的美满生活。

不要沉迷于甜蜜，让自己也成为一名领域专家

曾经有一名朋友跟我说起她与理智型人格者相亲的经历：两人经过简单的相互介绍以后，男生开始跟她说起了自己最近研究的量子力学与概率学，并且不管朋友怎么岔开话题他都不为所动。

后来，为了证明他的说法，那位男生从衣服内口袋里掏出了一本小本子，并且自顾自地翻阅了起来，完全无视了朋友的存在。

每当朋友说起这段相亲经历的时候总是啼笑皆非，但理智型人格者便是这类沉浸于学术研究的伴侣。他们有着极其强烈的求知欲，哪怕在感情中也依然不改自己的向往与爱好，因而理智型人格者给予伴侣的印象大多都是枯燥无趣的。

所以，作为理智型人格者的伴侣，如果想要与他们建立起一段长期的和谐关系，不妨换一个角度去看待他们的性格，学会欣赏他们求学的毅力。

另外，可以尝试着投其所好地进入他们所研究的课题之中，或者虚心向他们求教，使他们以“亦师亦侣”的身份与自己沟通，如此不仅能让他们获得生活的充实感，同时也能为两人之间的交流增添更多共同话题。

假如你是理智型人格者

一、理智型人格者眼中的完美型人格者

他们的理性思维以及逻辑能力都高于其他人格者，而且他们喜欢按规划做事，无论是面对怎样的事情总能够三思而后行。在处理细节方面他们有着让我无法企及的耐心，而且做事善始善终。

然而，他们太过于注重细节，以至于对结论的重视程度明显不足。他们喜欢在细节上与他人纠缠不清，并且喜欢指点他人去迎合他们的主观意识，这让我感到跟他们无法沟通。

二、理智型人格者眼中的助人型人格者

他们为人热情乐观，而且对我的学识也十分钦佩。可是跟他们在一起的时候我总是能够感到那种不为其他人所察觉的隔阂感：他们不知疲倦的付出总让我感到无所适从。

让我更加无法忍受的是他们喜欢参与社交活动，而且还会想方设法与我分享这种“快乐”，所以我忙碌的时候经常会被他们的这种好意所打扰。

三、理智型人格者眼中的成就型人格者

他们的目光相对比较狭隘，他们眼中只有目标与成绩，因此常常无法看清事情的全部。而且，他们很喜欢根据别人的看法塑造自己的形象，这种做法看上去实在是有点愚蠢。

不过，他们也是值得尊敬的人，因为他们十分擅长处理人际关系，而且工作的时候他们总是精力充沛，有很多时候他们能够为我解决

我不能解决的问题，所以在职场上我们通常都会相互依赖。

四、理智型人格者眼中的艺术型人格者

他们跟我一样喜欢独处，而且喜欢生活在感性的世界里。很多时候，他们对那些表达自己的机会十分珍惜，而且丰富的情感变化使得他们的身上有一种神秘的魅力。

不过，他们总是被情绪给挟裹，内心脆弱的他们经常会因为他人的只言片语而感到崩溃。所以，跟他们交流的时候我总是谨言慎行，尽量避免与他们进行交流。

五、理智型人格者眼中的疑惑型人格者

老实说，如果他们能够静下心来钻研知识，那么前途肯定是无可限量的。不过可惜的是虽然他们知道怎么去理性思考，并且对所有事情都充满了好奇心，实际上他们大多数思考结果都被主观的疑虑给影响了。

他们从来都不会想着如何解决问题，而是不断地提问，很多时候他们还会向别人反复倾诉他们的疑惑，这种浪费时间的行为让我感到十分烦厌。

六、理智型人格者眼中的活跃型人格者

热情开朗是他们最大的标签，在社交场合上他们总能够发挥无穷的力量，这实在是我无法做到的一点。而且，他们拥有极其活跃的思维，很快就能够领悟事物的要点。

可惜的是他们从来不肯花时间去研究任何一门知识，他们做事三分钟热度，心浮气躁，喜欢不断转移注意力，以致在学术方面他们始终一事无成。

七、理智型人格者眼中的领袖型人格者

在我眼中，他们拥有着君王的气质。他们独立自主，而且喜欢手握权力，热衷于挑战强者与保护弱者。他们有着极强的行动力，在他们的字典里从来没有“犹豫不决”这几个字。

可是他们做起事来实在是太过霸道，有时候还会得理不饶人，处事缺乏技巧，甚少会静下心来思考问题。总的来说，他们具有出色的行动力，但却经常忽略他人的感受。

八、理智型人格者眼中的和平型人格者

在一定程度上，他们可以算得上是我的良师益友。他们喜欢聆听我的观点，而且能够站在我的角度思考问题。对于我给他们的忠告，他们总会认真思考，对我也十分敬重。

只是他们跟我一样，都是缺乏行动力的人，做起事情来没有立场也没有观点，只会一味地附和，缺乏分析能力的他们独立工作的能力基本为零。

六号疑惑型人格——忠诚与疑惑的矛盾者

在现实生活里，我们经常会看到这么一种人：他们对身边的一切都质疑，很多时候在别人看来他们的言行更像是无缘由的反驳，在网络上有人给这种人取了一个外号：“杠精”。

我们在逛街的时候看到一款超值产品，总有人会告诉你说：要么就是高仿，要么就是过期；

在聊天的时候我们谈及工作时，总有人会说：没什么好兴奋的，我们的工资也许只是老板的零头；

当我们为了某些事情而感到愉悦时，他们也很可能会给我们淋下一头冷水：别高兴那么早，先把事情完成了再说。

对于生活中的大部分“杠精”，有的人从他们的“杠”中找到了自己的不足，也有的人从中发现“危机”，当然，也有人只会感到厌恶。

事实上，在生活中有那么一类人，他们生来就会“杠”，而且他们大多数的质疑与反驳都并非有意为之，而是源于他们对眼前事物的不安全感。

他们对负面的影响有着惊人的触觉，仿佛所有的陷阱与危机都没有办法逃过他们的眼睛。但也正是这样，他们很容易给人一种“危言耸听”的感觉。

他们是六号的疑惑型人格者，带着不信任的目光看待世界，不断寻求安全的港湾。

你是疑惑型人格者吗？

人生信条	只有依靠绝对权威才能让人放心
基本认知	世界很危险，处处是陷阱
深层恐惧	失去安全感、失去权威的庇佑
性格特征	悲观，慎重，对事物多有质疑，多愁善感，缺乏安全感，对认定的权威绝对忠诚
积极信号	对认定的权威无比忠心，积极地发现团队存在的问题
消极信号	对身边所有事情都有所质疑，对身边的人产生强烈的“不信任感”
处事风格	处事风格相对矛盾，在认定的权威组织下他们一往无前，在陌生的环境中则患得患失
最佳职业	和平型

性格长成：无助的童年环境

在一次心理协会会议中，主持人问道：“有谁到现在还能清楚记得父母在我们童年时说过的谎话？”让人惊讶的是，做出肯定回答的大多数人主人格或是侧翼人格都拥有疑惑型人格特征。

疑惑型人格者的成长环境相对无助，他们也许有喜怒无常的父母，又或者他们的父母经常会用谎言伤害他们的心灵。总而言之，他们在童年中感受到的不确定性远远比快乐要多。

要知道，对于一个正在成长的孩子，父母的一举一动都影响着他们的价值观。因此，缺乏安全感的疑惑型人格者开始认为这个世界的每个人都是靠不住的，为了让自己立于安全之地，他们从小学会察言观色，通过预测父母的思维以及假意顺从他人来避免风险。

所以，在没有安全感的氛围下成长的疑惑型人格者往往会把平常的事情考虑得非常复杂，哪怕是一些板上钉钉的事情他们也会反复推敲，直到完全预判所有的风险后方才做出下一步的行动。

性格初探：谨慎的逆向思维者

疑惑型人格者具备良好的逆向思维，对于他们而言，身边的所有事情往往都值得加以思考。他们生性谨慎，喜欢对大家普遍形成共识的表象寻根问底，发掘其内在本质。

他们对身边的许多事情都会质疑，其中最主要的原因在于他们具备了比常人更加强烈的逆向思维，他们希望能够通过思考发现事情本身的核心，而并不满足于被事情的表象所蒙骗。他们在生活中相对缺乏安全感，但也正是这样使得他们能够对身边所有的事物都加以思考。

相比起其他的某些人格者，他们并不乐观，甚至可以说性格之中带有一丝悲观。但很多时候，他们这种把事情往坏处想的思维方式的确使得他们避免了不少风险，也让他们在生活中稳健地成长，避免了不少的挫折。

除此之外，他们对于人与人的关系也是小心翼翼的，他们担心自己的所为会引起他人的厌恶或是不屑。因此，在日常生活中，疑惑型人格者大多都是中规中矩的朋友，他们在大多数的人际关系中如履薄冰。他们跟朋友相处的时候习惯接话，而甚少与他人随便分享自己的所得。

他们的思维认知基本上源自外界影响，他们会根据外在的事物进行思考，也会根据他人的语言和举动做出思考，但很少会从自身出发去思考问题。他们把认知都建立在所接触到的表象之中，并且以逆向思维的方式对眼前事物进行推敲。

泽宇便是这么一名疑惑型人格者，他最近负责对部门设计的宣传影片进行审核。按常理，公司产品的宣传影片一直以来都是以同样的手法和方式呈现，只要泽宇将影片投放，上级领导并不会对此有过多的意见。

但泽宇此时却为了如何改善宣传片质量而烦恼着。他虽然知道这种宣传方式能够获得领导的肯定，并且能够在一定程度上迎合市场。只要他点头，这宣传任务就算是完成了。

然而，他想的是这样的宣传片是否有点老套了，其中的一些语句是否会让潜在客户挑出毛病来，他甚至怀疑这种宣传方式是否会让产品的销售量有所提升，或者说他不敢相信这宣传片能够达到应有的宣传效果。

于是，泽宇开始了他面对困难时最常用的拿手好戏——预演。他在脑海中幻想着自己跟虚拟的潜在客户对话的情景，他想象着潜在客户在看过影片以后对产品的疑问。他把这些疑问统统记了下来，并且一一做出了回答。

结果，在他的审核下这部宣传短片重新修改了好几遍，从宣传产品性能为主线的影片架构变成了专为客户解释疑难的片子。在他的修改下，一部从产品自身功能出发的宣传片变成了从用户使用产品可能产生的疑问为基础的说明短片。

这就是疑惑型人格者，他们的思维方式一般建立在他人的见解之上，他们会怀疑别人是否能够理解自己的观点，甚至会想方设法让自己的观点变得更加完整，好让输出的一切都能够在他人的眼中变得毋庸置疑。

是的，这就是疑惑型人格者专有的谨慎性格，在做一件事情之前，他们首先会将所有潜在的错误先排除掉，避免由于自己的问题而让他人捉住自己的错误。在他们眼中，没有人会对自己包容，所以他们能做的就是不断地幻想他人对自己的质疑，并且加以改变。

这种对生活充满疑惑的心态对于他们而言是一把双刃剑，一方面他们会对生活或工作感到疲惫，其中最主要的原因在于他们想得太多，对生活以及身边的所有事物始终抱有一种提防的心理；另一方面他们也因此而避免了许多错误，少走了许多弯路。

职场攻略：忠诚就是一切

思考：如何才能最大限度发挥疑惑型人格者在职场上的潜能？

疑惑型人格者是把控风险的好手，在职场上他们总是小心谨慎，想要把所有的隐患统统排除。因此，疑惑型人格者在职场上也被称为“消极的胆小鬼”。

疑惑型人格者有时候也能够为团队带来很好的效果，比如说他们总是防患于未然，当问题真的来临的时候，他们不会如其他人格者那般惊慌失措，因为他们在很久之前已经预设过问题的出现以及解决方案。

疑惑型人格者拥有很敏锐的忧患意识，但是他们在职场上的人际关系并不如意——没有人愿意与一个消极的人长期交流，而且多疑的性格和戒心也使得他们过度猜测对方，从而让人心生厌恶。

但他们大多都是善良的，而且有着不可忽视的潜力。如果能够跟疑惑型人格者形成好的关系，也许对我们的职场之路会有不一样的推进作用。

对忠诚有着绝对的渴求

对于人们来说，职场就像是一个大宝藏一样，有人希望能够从中获得财富，也有人希望能够从中获得地位，而疑惑型人格者与其他人格者不同，他不求名利反而对成功有点畏惧，他在职场上一直苦苦索求的仅仅是一份安全感。

不安全感促使他们“抱团”对抗外界的压力，这使得他们对团队十分重视。另一方面，他们对身边的事情总是习惯性地质疑，因而他们对办公室里的一点点变化也十分的敏感。

尤其是位居管理层的疑惑型管理人员，他们总是一副疑心重重的样子，对员工的关注点永远都在忠诚的层面上。他们讨厌那些潜在的“背叛者”，尤其是那些在背后窃窃私语或是人前欲言又止的员工。

有一位职业经理人，在某企业老板的邀请下出任该公司的人事总监。一开始，这位经理人根据自己的专业眼光对公司制度进行改革，并且将公司打理得井井有条。仅仅三个月时间，公司的业绩与员工的积极性便因为新政策而翻了一番。

但过了一阵子后他发现，自从改革以后，公司员工总喜欢在他背后窃窃私语，并且很多时候他们会三五成群结伴聚餐而忽略了自己。

对此，这位职业经理人心里很不是滋味，总是疑心员工会因为自己的改革而产生怨言，甚至会通通离自己而去。过了几个月，他终于忍受不了办公室的氛围，自行辞职离去。

不得不承认的是，故事里的职业经理人是一名出色的管理人员，他的改革能够让公司变得更加具有竞争力，可惜的是他最终却由于自己内心的不安全感而走向了失败。

他是一个彻头彻尾的疑惑型人格者，他无法忍受员工的窃窃私语，也无法在这种氛围下工作，多疑与忧虑是疑惑型人格领导最常见的缺点。

所以，在面对疑惑型领导的时候，我们一定要表现出绝对的忠诚，在他们面前我们必须“无话不说”，并且认可疑惑型人格领导的工作，服从他们的安排。

疑惑型人格者最喜欢的汇报方式：报忧不报喜

要在职场上获得领导的青睐，首先就应该了解领导的心思。不同的领导内心的想法都有所不同，如成就型、领袖型的领导充满干劲，并且内心积极向上；活跃型、助人型领导则比较注重团队氛围，而且待人热情。

而疑惑型呢？

他们是充满悲观与消极的。他们总是愿意去接触事情最坏的一面，而从来不去想好的一面。他们认为事情最好的结果并不是完满收官，而是尽可能将最糟糕的事情都避免。在他们看来，乐观与积极是一种缺乏现实性的幼稚想法。

小黄是领导身边的得力助手，在职场上无论事情大小，领导总喜欢让小黄去处理。对此，公司里的许多员工纷纷表示不解：小黄仅仅是一个大专毕业生，论专业能力他远远不及其他员工，论工作经验也比不上其他老员工，为何领导唯独重用小黄呢？

原因就在于小黄的汇报方式。某次领导让小黄去了解公司产品在市场上的反响，经过系统分析后小黄发现公司产品深受用户喜爱，而且用户黏性较高，唯独用户群增长率低于同类型产品的平均水平。

对此，小黄给领导做了一份报告，其中着重描述公司产品的增长速度不足，用户裂变速度较慢，因而产品在互动性方面依然有待提高。看到这份报告，领导非常满意，并且认定小黄在工作中沉着稳重，有足够的能力去发现问题、解决问题。

“报忧不报喜”是疑惑型领导最推崇的汇报方式，他们不仅在向上级汇报的时候会选取这种方式，同时还希望下属通过这种汇报方式来发现目前他所面对着的潜在问题。如果某个员工发现问题而没有上报的话，对于疑惑型领导而言就是一种“不忠诚”的表现，可能选择放弃这名员工。

所以，作为下属的我们在遇到工作问题的时候应该尽可能地给疑惑型领导汇报，如此不仅能够给予他们思考与分析的时间，同时也会提升你在他们心目中的地位，赢得上司欢心。

疑惑型员工缺乏独立能力

如果危险来临，那么你会留在人群中，还是独自逃生？面对这个问题，疑惑型人格者会妥妥地选择前者。

由于内心极大的不安全感，疑惑型人格者总会对法律法规、权威人士或者是团体有着极大的依附性。他们害怕落单，也很难单独做决定。他们十分重视团队精神，因为他们认为，外界有太多的危险，只有在团队中自己才能获得暂时的安全。

久而久之，疑惑型人格者在群体中失去了独立的能力，他们虽然大多拥有着不错的能力水平，但却由于缺乏自信而阻碍了自己的发展。他们喜欢照着上级的指令去做事。

在职场上，疑惑型员工往往缺乏独立能力，他们只会根据权威人士的指令去做，而很少发自内心地做出抉择。所以，作为领导应该通过培养，不断激发他们的独立意识，并且通过下意识的安排使他们养成独立决定、独立思考的能力，使他们能够更好地为团队服务。

爱情秘籍：别让爱情败在猜疑中

?

思考：如何才能够给疑惑型人格者一个甜蜜的惊喜？

如果你的伴侣是一名疑惑型人格者，那么恭喜你，你成了他们心目中最隽永的爱情小说男 / 女主角。

疑惑型人格者的爱情关键词是“猜疑”，在他们的心目中，伴侣是世界上最美好的存在，同时他们也会产生危机感。所以，他们在爱情中总是在“忠诚”与“猜疑”两个极端里徘徊。

疑惑型人格者渴望一段稳固的长期关系，可是在一段长期关系中他们往往会对伴侣过分依赖，从而衍生出各种捕风捉影的猜疑与揣测。伴侣一旦在感情中出现言行不一致的行为时，他们就会马上把事情往不好的方面想。

这是天生消极的疑惑型人格者的爱情，不过也正因为疑惑型人格者认为没有任何一段感情是天生就能长久的，所以他们会想方设法地呵护这段感情，用他们的方式去维持彼此间的甜蜜。

有效沟通，避免疑惑型人格者的猜疑

在爱情中，疑惑型人格者的猜疑与不安全感会使他们时刻处于索求状态，他们需要伴侣不断通过语言与行动去表达爱意，甚至偶尔还会试探伴侣的忠诚。

在爱情中，一点小小的事情总会让疑惑型人格者反复地揣测伴侣行为背后的动机与暗示，因而他们总会给伴侣一种疑神疑鬼的坏印象。

如果说捕风捉影的性格让疑惑型人格者的伴侣感到无奈的话，那么让伴侣更加绝望的是疑惑型人格者的猜疑很多时候都是无缘由的。

小兔的前男友便是一名疑惑型人格者。在他们分手那天，两人一同参加了朋友的生日派对。其间，小兔在跟朋友插科打诨的时候说了一句："你真是幸福，男友给你送这么名贵的礼物，真是羡慕死我了。"

说者无心，听者有意，就是这么一句话，让小兔的男朋友下定决心与她分手。分手后小兔的前男友甚至还四处宣传，说小兔嫌他没钱，所以两人才分的手。

猜疑是男女情感中的头号杀手，为了避免互相猜疑，伴侣需要跟疑惑型人格者多沟通，并且明确表达自己内心的真正诉求，因为模棱两可的暗示只会让他们将事情往消极的方向去想。

除此之外，伴侣更要学着主动表达自己的爱意，在满足他们安全感需求的同时还能避免疑惑型人格者的猜疑，使他们在你独特的魅力中享受着恋爱的甜蜜。

包容他们的焦虑

曾经有一个朋友跟我说起疑惑型人格者时，开玩笑说："我总觉得疑惑型人格者有点神经质。"疑惑型人格者在生活中总是感到焦虑，一点小小的改变就会让他们担心半天。

在爱情中亦然，他们总是因为一点小事而抱怨伴侣，而且将责任尽可能地归咎于伴侣。比如说，情侣吵架以后，他们往往会把问题归咎于对方："你似乎对我有意见？你是不是有什么在隐瞒我？"

阿汉就是这样的人，他跟女朋友吵架的时候总会从对方的身上寻找原因。有一次他的女朋友因为工作而错过了他的电话，阿汉就开始各种焦虑，到了下午他甚至找到领导请假，然后直接找到女朋友的公司里，在同事面前对她百般责备。

为了这件事，阿汉的女朋友跟他吵了一架，最后两人不欢而散。后来，阿汉跟我们抱怨，说："当时她电话不听，微信也不回，我这不怕她出什么事才这么做的嘛？没想到她狼心狗肺。"

在这个故事里我们可以清楚地看到疑惑型人格者在爱情中的表现，他们总是感到焦虑，而且习惯性地通过责备去表达自己的焦虑，实际上他们的责备并无恶意。就像是故事里的阿汉，他的初衷是对女朋友的担心，但他的表现却让人难堪。

因此，在跟疑惑型人格者建立感情关系之前，我们不妨先对他们的习性进行了解。他们内心时常有焦虑，所以我们应学会包容他们的不安与焦虑，让他们以最舒适的方式发泄内心的情绪。

多与疑惑型人格者参加活动

疑惑型人格者是九型人格中最具有戒心的人群，他们经常展示出这么一种态度：对他人的赞赏表示质疑，对他人的批评表示不屑。

他们只相信自己所看到的，而且丰富的想象力会让他们将接触到的每一件事都往消极的方面去想。面对如此悲观的疑惑型人格者，许多伴侣都表示无计可施，实际上有一个办法能够大幅度地缓解他们的消极，那就是多与疑惑型人格者参加各种活动。

在《具身认知》一书里，作者研究发现人们的外在举动会影响到他们的内在心理活动。比如说，一个人在难过的时候如果下意识地微笑，那么他心里的难过就会慢慢减少。

同理，经常参加活动的疑惑型人格者对人群的质疑也会渐渐地减少，并且能够从活动中感受到伴侣的陪伴与关爱。所以，多花一点时间陪伴疑惑型人格者一起参加各种活动，这是作为伴侣能够给予疑惑型人格者的最好礼物。

假如你是疑惑型人格者

一、疑惑型人格者眼中的完美型人格者

他们做事坚决果断，并且在我迷茫的时候能够为我权衡利弊，为我指点方向。在我面对困难的时候，他们总是为我抱打不平，仗义执言。重要的是，他们经常提醒我要坚守自己的原则，他们自己本身也是这样做的。

不过让我感到厌恶的是，他们总是喜欢质疑我的每一个说法，而且当我的观点与他们的观点不一致时，他们总会严厉地对我进行批评，他们所做的一切都在告诉我：我是一个靠不住的人。这让我感到十分沮丧。

二、疑惑型人格者眼中的助人型人格者

他们为人热情，并且总是在我需要的时候给予我关怀。当我对现实感到焦虑的时候，他们不仅能够包容我的缺点，而且还会想方设法对我进行安慰。

不过，在我看来他们并不是真心待我，因为无论是怎样的人他们都总会倾己所有地去讨好。所以，我觉得他们总是对我所拥有的一切产生了觊觎之心，所以他们才会想方设法地接近我，讨好我。

三、疑惑型人格者眼中的成就型人格者

他们是以积极的态度看待周围的事物，而且会想方设法地排除万难朝着目标进发。在社交方面他们有着很深的造诣，当我消极的时候他们经常会带给我鼓励，并且不厌其烦地尝试着让我变得更加

自信。

不得不承认的是，他们完全拥有成为领导的气质。不过后来我发现，他们很多时候只是为了面子，实际上也许并没有他们表现出来的那样自信，他们只会用忙碌去掩盖焦虑，为了一个又一个的目标盲目奔波，而漠视了身边的人和友谊。

四、疑惑型人格者眼中的艺术型人格者

他们的性格看上去就像是艺术品一样。创意与灵感仿佛是他们从来都不曾缺乏的财富，而且他们情感细腻，对身边的所有事情都有着极其全面的感知能力，重要的是他们敢爱敢恨，对自己喜欢的事物倾己所有地付出，对讨厌的人事置之不理。

只是他们在很多时候都只适合“远观”，而不适合深交。因为有些时候他们无法控制自己的情绪，而且容易被情绪所控制，他们这种忽冷忽热的态度让我缺乏安全感。

五、疑惑型人格者眼中的理智型人格者

他们学富五车，而且沉着冷静，遇事不慌忙。很多时候，我都为他们的学识与逻辑折服。他们有一个地方跟我很像，就是都喜欢对事情盘根问底。

很多时候我都不自主地对他们有所依赖，不过他们却觉得那是一种负累，他们性格孤傲，没有耐心听我诉说我的疑惑。虽然，我很乐意跟他们分享我的顾虑，可是他们总是对我避而远之。

六、疑惑型人格者眼中的活跃型人格者

阳光乐观、朝气蓬勃是我对他们的第一印象，乐天的态度总是能够使他们给未来描绘出一幅美好的蓝图。他们的脑子里总是有各种千奇百怪的新点子，跟他们在一起的时候我总会感觉到生活的趣味。

不过他们仿佛对我没有什么好感，他们不能理解我脑子里的忧虑与质疑，甚至我给他们的感觉是大题小做。他们平日不喜欢跟我探讨身边的事物，反而把时间都用于四处游玩。

七、疑惑型人格者眼中的领袖型人格者

领袖型人格者跟我完全属于两个世界，他们从来不会担心自己身处的形势，也从来不会对未来有所焦虑。对于眼前的困难与未来他们总是充满着自信，这是我怎么也无法做到的。

跟他们相处我可以尽情地放松身心，因为他们说话从来不会拐弯抹角，所以我不必为了推测他们的真实意图而感到紧张。不过有时候我会觉得他们做事太过鲁莽，没有充足的危机意识，事实上，他们也经常为此而付出代价。

八、疑惑型人格者眼中的和平型人格者

他们是我在生活中最好的朋友，当我感到焦虑与迷茫的时候他们总是能够第一时间倾听我的烦恼，同时还能够站在我的角度为我排忧解难。

只是，他们虽然能够包容我，可是并不会听我的建议与劝告。他们总是对我给他们的建议不置可否，这种一笑置之的态度让我跟他们之间产生了一种隔阂感。在大部分时间里，他们宁愿无视身边所有的隐患，也不愿意以积极的态度去面对眼前潜在的难题。

第七章

七号活跃型人格——呼唤爱与快乐的天使

生活中有那么一群人，他们总是笑脸迎人，而且生性乐观，具有极其强大的创造力与感染力：

在面对即将来临的挫折时，他们总是幻想着最好的结果，并且为之努力奋斗；

在大家都一筹莫展的时候，他们总是能够从负面的氛围中抽离出去，为团队带来鲜活的创意；

当各种聚会、活动过于沉闷的时候，他们总是能够第一个跳出来，为大家带来欢乐。

他们是那种“如果倒翻了牛奶，那就给自己泡一杯柠檬水”的人，生活中的挫折并不会让他们自怨自艾，反而会激励他们从生活的另一方面寻找快乐。

勇于冒险且热爱生活是他们最大的标签，对新奇的事物他们永远抱有好奇且积极的态度，他们会因为阳光与白云而感到兴奋，会为了新的挑战而感到热血沸腾，会为了身边人的认同而感到快乐。

这就是我们要讲的七号人格——活跃型人格者，他们为生活带来了快乐与欢笑，是团队中不可多得的开心果。

七号活跃型人格者主要特点如下：

人生信条	世间万物都值得我们庆贺
基本认知	总有无数的快乐等着我们去探索
深层恐惧	失去自由，身处单一乏味的环境里
性格特征	兴趣广泛，热爱冒险和探索，随心而行，交游广阔，能从乐观的角度看待问题，并且可以快速处理负面情绪
积极信号	对任何事物都有想象力，积极看待所有难题与挑战，具备极其强烈的创造力
消极信号	三分钟热度,缺乏责任心,只在乎自己享受的过程而漠视他人,热情消退后凡事变得不可靠
处事风格	热爱分享，活力十足，打破常规，对处理事情有强大的创新能力，但却经常虎头蛇尾
最佳职业	导游、活动策划、新闻记者

性格长成：你不是真正的快乐

活跃型人格者总是给人一种阳光开朗、热情积极的印象，很少人能够从他们的脸上看到忧愁的表情。

也许很多人会认为，活跃型人格者的童年是充满欢乐的，因为迷恋那种欢乐的愉悦,所以他们不断地追求快乐。事实恰好与此相反,活跃型人格者所展现出来的快乐实际上是因为他们想用快乐去对抗恐惧。

大多数不顾一切去追求快乐的活跃型人格者都在严厉的家庭中

成长。由于家长的管教过于严格，他们幼小的心灵对生活产生了束缚感，以至于他们抓住任何机会去寻找各种有趣的事情。

重要的是，为了避免被剥夺自由，他们开始通过屏蔽的方式消除那些消极的记忆，这也是他们能够快速从挫折中站起的原因。

成长中的他们是叛逆的，他们觉得自己无法从父母或是长辈身上得到自由与快乐，于是会竭尽所能地挣脱父母与老师的管教，沉迷玩乐来化解内心的不安。

性格初探：这是个充满快乐的世界

最近，一句“人间不值得”在网络上疯传，成了不少文青挂在嘴边的口头禅。

但是，如果你是一个活跃型人格者或者身边有几个活跃型人格者的话，那么你肯定会说：不对！因为，在这个平凡世界的每一个角落都布满了惊喜与欢乐，人间还是有许多值得我们探索的美好。

是的，活跃型人格者就很擅长去发现生活中各种值得高兴或是有趣的事情，甚至很多活跃型人格者给人的感觉就是那种“没心没肺”的玩乐主义者。

事实上，他们虽然以快乐作为生活的主导，但也会有焦虑的时候，只是他们会以不同的方式去面对。

比如说，在面对忧虑与挫折的时候，他们不会在负面情绪的阴霾下久久不愿离去，而是第一时间跳出阴霾，寻找一些能够忘却烦恼的事情，让自己开心起来，再去解决所遇到的问题。

有人把这一类人称为“乐活族”，也有人说“快乐是一种能力”，但不管怎样，他们面对挫折和忧虑的方式是他们获得快乐的重要手段之一。

虽然，在现实中很多年轻人都有过这样的阶段——乐天且热爱冒险，但这大多是环境与心态未成熟所带来的性格影响，而活跃型人格者是与生俱来的，哪怕是年老的活跃型人格者，依然保持着一颗年轻的心。

无限地缩小挫折，尽可能地放大快乐，就是活跃型人格者的生活态度。虽然很多时候他们也会遭遇挫折与伤害，但他们并不会感到恐惧，他们在做一件事情之前很少看到负面的影响，反而能够从中找到他们想要获取的乐趣与快乐。甚至有一部分活跃型人格者会因为过度思虑自己的快乐与幸福，而与现实生活产生了偏离。

就好像在月尾面临房租涨价的问题时，也许活跃型人格的合租人会告诉你：“别着急，有什么好焦虑的，大不了换个房子，反正这里我也住腻了，又或者多干一份工作不就好了吗？这样就不用每天晚上都窝在家里那么无聊了。”

又或者你跟家人吵架了，活跃型人格的朋友会告诉你：“别想那么多了，一家人天天住在一起难免吵架，走，我带你去吃好吃的。”

从上面的案例可以看出来，他们不仅仅能够在生活中寻找到那些不为人知的快乐，还具备屏蔽负面情绪、激活正面情绪的能力。

在他们的认知里面，仿佛生活中所有的事物都与快乐有关联，甚至很多时候他们无法理解为什么身边的朋友总是愁眉苦脸的模样，明明很多事情在他们看来都是通向快乐与改变的渠道，在他人看来却是充满着艰辛与负面的难题。

于是，洒脱乐天就成了不少人对活跃型人格者的第一印象。

综上所述，活跃型人格者就是一群乐天的“快乐人”，在面对现实的时候他们始终秉承着积极的态度，而且这种态度具有强烈的感染力，将他们的快乐与活跃传递给身边的所有人。

他们是冷漠世界里的一声欢笑，唤醒了身边许多朋友的欢乐与激情。

职场攻略：快快乐乐去工作

思考：为什么活跃型人格者被称作职场开心果?

提起工作，相信很多人的第一反应都是枯燥、压力等贬义词。可是活跃型人格者眼中的工作是充满快乐的，因为他们拥有把工作变成实现自己创新想法的平台的能力。

活跃型人格者的职场形象是充满弹性的橡皮筋。他们与理智型人格者、疑惑型人格者一样以思维见长，跳跃性的思维是他们在职场上最常见的闪光点。

总体而言，活跃型人格者在职场上的过人之处在于他们能够在快节奏、高压力的情况下快速思考，并且能够很好地完成一个项目的策划阶段。他们是职场上的“点子王”，也是职场上的开心果。

活跃型领导喜欢追求创新的工作方式

根据统计，一个普通上班族一天里至少有60%的时间用于上班。也就是说，我们成年以后需要花费大量的时间于职场，所以职场上的心态与表现直接影响了我们这一天的质量。

正如日本著名企业家稻盛和夫所说：“我们的一生大部分时间都用在工作中，所以必须要让工作快乐起来。”而活跃型人格者便恰好是让工作快乐起来的忠实执行者。

尤其是活跃型领导，他们追求新奇、刺激的工作方式，千篇一律的工作对他们而言简直如同噩梦。在指导工作的过程中，他们总是有许多创新的计划与管理方式，与他们一起工作总是能够感受到工作的乐趣。

当然，追求创新的活跃型领导也十分重视员工的创新程度，相比起稳定的工作状态，他们更喜欢手下的员工具有创新性与趣味性，无论是另辟蹊径的工作方法抑或是开拓新市场的冲劲，在他们眼中都是一个好员工应有的态度。

鹿鹿所在公司的老板就是一名典型的活跃型人格者，从鹿鹿入职到现在的两年时间里，公司已经从一家手机经销公司发展成了一家主营手机程序设计的多元企业。

而鹿鹿也从一名普通的手机销售员变成了市场部员工，主要负责程序用户汇总。

为什么鹿鹿能够完成一个销售员到市场部职员的转变呢？一方面，鹿鹿所在的公司具有雄厚的资金实力，因此公司能够在短时间内发展各种横向业务；另一方面还得归功于她那活跃型人格的老板。

活跃型的老板经常会有各种突发奇想的创意，他们喜欢不断创新，不断开拓新的市场领域，不断让新元素融入团队的工作内容中，力图避免沉闷的工作氛围。因此，鹿鹿所在的公司从手机经销一路发展至手机配件、手机程序设计等领域，实现了行业内横向发展。

这就是活跃型人格领导的处事作风，他们从来不追求稳中求胜，而是通过不断变化、不断创新带动工作，实现工作效率以及工作制度的全面优化。

同时，活跃型领导对于新的创意总是雷厉风行，一旦有了新的想法，他们就会立即着手去执行，并且会不断催促手下的员工去实现他们的想法。

所以，作为活跃型老板的下属，最好首先了解他们求新求异的工作作风，并且在工作中学会变通，提高自身的创新能力。活跃型老板对员工的关注重心不在于稳定输出，而是创造能力。对他们而言，埋头工作的员工是愚蠢的，他们需要的是能够把智慧引进工作，不断革新的聪明员工。因此，要避免一成不变地工作，着力于思考如何提升自己的工作效率以及公司的利润，以免成为活跃型老板眼中的“无聊人”。

鼓励活跃型员工不断尝试

鲁迅曾说：“地上本没有路，走的人多了，也便成了路。”世界上不少的进步都是建立在现有的基础上，尤其是职场中，前人延续下来的工作方式让无数职场新人大大地提升了工作效率。可是对于活跃型人格的员工而言，这句话明显不适用。

在活跃型员工的眼中，只能看到工作给他们带来的各种可能性，并且他们会找到最适合自己的工作方式着手开始工作。不得不承认的是，他们的工作方式虽然有时不符合常规，但这种敏锐的思维与创新的追求总能够让事情事半功倍。

相传在很多年前，鲁班被要求去建筑一座巨大的宫殿。为了完成任务，每天一大早鲁班与徒弟们一同上山砍树。由于当时的砍伐工具落后，因而鲁班团队的工作效率也十分低下。

为了改善效率低下的问题，鲁班让徒弟们继续砍伐，而自己则在山上苦思提高工作效率的方法。后来有一次在上山的途中，鲁班不小心被山上的一株野草划破了手，看到手上的鲜血，鲁班突然灵光一闪，摘下一片叶子细心观察。

此时，鲁班发现叶子两边长着许多小细齿，用手轻轻一摸，这些小细齿非常锋利，能够轻易地划破手上的皮肤。经过这次启发，鲁班让徒弟们停止砍伐，大家一起合力将大毛竹做成一条带有锯片的“竹锯”。

在这期间，国君在群臣的议论中得知：最近鲁班非但没有专注建宫殿，反而去钻研竹子。但想到鲁班过去总能超额完成任务，也就没有过问。

随着“竹锯”的发明，鲁班与徒弟们的工作效率大大提升，平日要砍半天的树干如今一下子就能够锯断。但由于竹片容易损毁，因而鲁班又想到了用铁片做材料，并且请来铁匠帮忙制作。

至此，鲁班发明了锯。锯的出现不仅使鲁班能够超额完成任务，甚至为后世带来了便利。在此之后，鲁班又发明了许多工具，成了历史上的“发明大家”。

鲁班的发明大多源自活跃型人格者与生俱来的性格，在鲁班之前，相信有无数人遇到被草割破手的情况，那为什么只有鲁班能够从中受益，从而发明了锯子呢?

一切正如网上所说的:“世界上所有的发明都是为懒人服务的。”鲁班发明锯子的初衷在于提高砍伐的效率，通过天马行空的想象以及雷厉风行的行动力，他终究成就了发明锯子的壮举。

作为活跃型人格员工的上司，要做的便是如故事里的国君一般，允许活跃型员工最大限度地自由发挥他们的想法与创意，必要时更需要对他们的好想法表达赞赏与支持的态度，这不仅能够让活跃型员工对自己的想法保持足够的自信，也很可能会孕育出一项意想不到的成就。

提防活跃型员工虎头蛇尾

活跃型人格的员工习惯于将工作当成是他们尝试各种新鲜创意的平台，所以在工作中他们经常会迸发出各种具有价值的创新想法。

可也正因为如此，他们很可能会在实现自己创意的过程中忘记了工作的目标：可能作为活动策划的活跃型员工会乐于策划各种有趣的活动，但却忽略了活动的可行性；也有可能他们会沉浸于开发创意的过程中，从而忽略了活动的落地时间。

活跃型人格者在职场上很容易忽视业绩要求、时间要求等方面的因素，甚至当他们热情过去后会直接甩手不干，为项目发展带来一定的风险。

相信大家都曾经听说过一个挖井人的故事：有个农民为了寻找水源，他准备在地上挖一口水井。可是每次他挖了两三米以后便泄气了，并且对日复一日的挖掘觉得烦厌，于是他又换一处地方带着热情与向往继续挖掘。

最终，他没有挖出一口水井来。虽然在这个过程中，他并没有放弃挖井的目标，可是他却缺乏毅力，每一次挖井之前他都带着无比的热忱，而没过多久就虎头蛇尾，这就是他失败的原因。

活跃型人格的员工也一样，每当接受新的任务时，他们总会因为内心的新鲜感得到满足而感到兴奋，但没过多久他们就会因为热情消退而感到烦厌。对于他们而言，工作的意义只在于充满乐趣的过程，而不在于收获的结果，因此活跃型人格的员工在职场上很可能会出现虎头蛇尾的现象。

作为活跃型人格者的领导，不仅需要时刻监督他们的工作进度，更需要对他们的工作结果、成绩提出适当的要求，如此方能够让他们的创意变得更有意义。

爱情秘籍：享受快乐的恋爱生活

思考：不断追求快乐的爱情真的快乐吗？

活跃型人格者的爱情关键词是“快乐”，他们从不消停的生活态度以及乐观的性格特征使身边的伴侣时刻都享受着各种充满新奇与刺激的快乐。

谈恋爱本来就是一件追求快乐的事情，跟伴侣一起疯一起闹，执子之手玩遍世界，难道不是最好爱情应该拥有的样子吗？所以，跟活跃型人格者谈恋爱，听起来还不错对不对？

可是，活跃型人格者对伴侣有一定要求的哦！在爱情中永远追求快乐的活跃型人格者就像是长不大的孩子一样，他们需要伴侣的陪伴与理解，同样也需要伴侣的赞赏与鼓励。

恋爱对他们来说是一件“提升快乐”的美事，他们讨厌被伴侣限制行动，有时宁可一个人自由自在地寻找快乐，也不愿意与道不同的伴侣并肩。

看到了吧，想要成为看似热情随和的“快乐人格者”的伴侣，还是需要有一点小技巧才行！

纯真与率直是他们爱情中的亮点

活跃型人格者对爱情有两点期盼：每天同样的甜蜜，每天不一样的快乐体验。如果只能二选其一的话，那么大多数活跃型人格者都会选择后者。

如果从心理活动分析的话，活跃型人格者的恋爱价值观是这样的：两个有趣的人过上一段有趣的人生。对于他们而言，爱情就是与伴侣一同寻找与体验生活中的快乐，甩开生活中那些单调而无聊的时刻。

所以，在感情中活跃型人格者十分注重自己给伴侣带来的快乐时光，同样对伴侣寻求快乐的能力也有较高的需求。

李萌萌是一所985学院的大学生，在旁人看来是一个充满潜力的大学生。只是她的大学生涯过得并不十分满意，原因是她的舍友实在是太无趣了。

本来，名校的学生醉心于学术钻研是一件无可厚非的事情。但在李萌萌看来，她舍友的生活过得千篇一律，这种与高中生涯一样的三点一线生活彻底摧毁了李萌萌对大学自由且欢乐的想象。

对此，李萌萌只能利用课余时间一个人到处寻找新鲜的刺激：她与邻校的学生一起参加户外活动；与音乐社的校友组了一支乐队四处演出；甚至还在暑假背上画板，跟新结识的朋友一边游玩一边给路人画头像谋生……

其间，李萌萌认识了一名同样阳光开朗的男生，由于都爱玩，两人一拍即合。随即二人在完成学业之余结伴四处游历，在大学四年间参与了蹦极、跳伞、街头卖唱等同龄人无法想象的活动。

毕业后二人更是创办了一个小小的工作室，专门为企业策划娱乐活动。几年后二人结为连理，成了朋友圈里人人羡慕的“快乐伴侣”。

故事中的李萌萌便是一名典型的活跃型人格者，她无法接受舍友千篇一律的生活，宁可孤身去寻找快乐也不愿在规律的生活中虚度时光。

热情积极的她拥有不错的社交能力，在校外结识了许多志同道合的朋友，参加各种新奇有趣的活动，并且从中认识了与她有着共同爱好的男朋友。

活跃型人格者唯一的择偶标准便是好玩，他们的择偶观就是：“好看的皮囊千篇一律，有趣的灵魂万里挑一。”

可是在现实生活中，不少活跃型人格者的伴侣都像是李萌萌的舍友一样，喜欢规律而平淡的生活。特别是当活跃型人格者脑子里浮现出求新求变的想法时，很多伴侣总会有意无意地限制活跃型人格者的想法与行动。

面对这种常年如一的生活方式以及伴侣长期的不理解，极力避免负面情绪的活跃型人格者虽然不会跟伴侣争论，但是会渐渐地疏远身边的伴侣，为自己创造更多体验新奇、快乐事物的时间。

所以，作为活跃型人格者的伴侣，不仅要懂得去欣赏他们富有趣味的想法，也应该经常陪他们去尝试各种新奇好玩的活动，不能要求他们时刻留在家中陪伴自己，长期千篇一律的生活会让他们感到厌烦。

要知道，只有接纳活跃型人格者具有新意与趣味性的想法，他们才会感受到彼此之间的心有灵犀。相反，如果总是尝试着用自己的生活经验去限制他们的行动，那么他们只会感受到来自伴侣的束缚，从而渐渐地对伴侣产生一种疏离感，使得彼此在情感的道路上渐行渐远。

活跃型人格者希望伴侣主动表达感受

活跃型人格者拥有过人的热情与社交能力，他们乐观的性格使得他们在人群中总是焕发着光芒，每个人都很容易被他们的个人魅力所吸引。所以，在现实生活中，活跃型人格者总是人群中的焦点，也是活泼开朗的“万人迷”。

而且，活跃型人格者有着强大的“自我取悦”能力，他们能够把一切事物变得有趣，哪怕是一个人也能够让自己沉浸在享乐的氛围当中。

所以，活跃型人格者很容易沉浸在自我享乐的氛围中，而忽略了伴侣的感受。

某天下午，丹丹百无聊赖地窝在家里，此时她的男友正在一旁捣鼓他的新款模型，完全无视了丹丹的存在。于是，丹丹踢了男友一脚，说：“你不觉得今天阳光不错吗？”

男友头也不抬，说：“嗯，是不错！”

“你不觉得下午很无聊吗？”

“没有啊，我正忙着呢！你无聊吗？来，跟我一起玩模型好了。”

看男友若无其事，丹丹抢过男友的模型，说“今天阳光那么灿烂，你真的想要在家玩一天的模型吗？”

“干吗呀，别淘气，我快要完成了，给我！”男友伸手把模型要了回来。

过了一会儿，丹丹又来到男友身旁，说：“刚刚闺蜜给我电话，说他们待会儿准备去逛公园，完了以后顺便聚餐，我们要一起吗？”

男友听了以后，立马放下模型，说“聚餐？好呀，等我换套衣服。”

故事里的这位男友所展现出来的就是活跃型的性格，他喜欢沉浸在享乐的氛围中，很容易忽视身边的伴侣与事物。

所以作为活跃型人格者的伴侣，如果不愿意被忽视的话，就必须学会在他们面前表达自己的意愿，而且在表达上还必须要掌握一些小窍门。

比如说，如果想要他陪你逛街，可以告诉他某处新开了一家好吃的餐厅；想要去看某部电影，可以适当地夸大电影的亮点。

总而言之，活跃型人格者的伴侣可以尝试着以一些新奇好玩的事物吸引他们，如此他们才会更好地关注伴侣的需求，照顾伴侣的感受。

活跃型人格者希望伴侣主动表达感受

直到现在，一些店铺里依然播放着这首歌曲：“直到看见平凡，才是唯一的答案。”

朴树用十年的时间给了自己的人生一个答案：平凡。我们每个人都曾经有着一颗不甘平凡的心，但最后大多走向了平凡。

对于活跃型人格者来说也是一样，他们梦想着过上跟别人不一样的生活，希望透过繁华的世界去寻找不一样的可能性。他们有着无穷的精力，喜欢跟伴侣一起去体验各种新奇的刺激旅程。

他们会因为过于贪图享乐而忘却了肩负的责任，可随着年龄的增长，活跃型人格者的生活也会相对地步入平凡。

他们的爱情也一样，一开始他们厌倦恋人间的承诺，无论伴侣多完美，他们始终对承诺有所抗拒。在他们看来，承诺不仅限制了自己的自由，还会限制了爱情的其他可能性。

只是他们可以抗拒承诺，却没有办法抗拒一段爱情归于平淡。很多时候，他们会因为爱情日渐平淡而选择离开，但无论他们如何躲避，都没有办法让爱情时刻保持新鲜感。

爱情最终会转化成亲情，再多的山盟海誓也没有办法敌过时间的推移。所以，活跃型人格者的伴侣需要时刻修正他们追求新鲜的爱情观念，定期为彼此的爱情注入平淡的瞬间，让他们知道爱情的美好在于彼此相濡以沫，携手同行。

也许是玩闹后的一顿家常小菜，又或许是一声叮咛与关怀，只有让活跃型人格者把在爱情中对新鲜感的追求转移到生活的其他部分，他们才能够静心享受这段美好而平凡的爱情，投入到一段稳定而隽永的婚恋生活当中。

假如你是活跃型人格者

一、活跃型人格者眼中的完美型人格者

从他们身上可以看到我所缺乏的——做事严谨，具备责任心，而且他们的细心总能够弥补我丢三落四的毛病。

只是很多时候我都没有办法跟他们共处。他们喜欢从我身上挑毛病，无论是多小的瑕疵他们都能够放大。而且，他们并不认同我的生活方式，他们不喜欢冒险，总是以自己的方式看待问题，这让我没有办法跟他们待在一起。

二、活跃型人格者眼中的助人型人格者

可以说，他们是最了解我的人群。他们喜欢听我说我所经历的各种事情，还能够很好地包容我犯的错。实际上，他们才是真正欣赏我才华的人，而且还能够为我物色适合的工作。

只是有时候我觉得他们仿佛有点依赖对别人的付出，当我想要独处或是离开的时候，他们总是显得非常不高兴。

三、活跃型人格者眼中的成就型人格者

他们跟我一样充满活力，而且我们都一样喜欢社交与冒险，在一定程度上我们有着相同的爱好与追求。所以，跟他们共事的时候我总能够额外获得许多的冒险空间。

只是，他们不喜欢我的追求，他们觉得我的那些有趣的经历都是浪费时间，他们更喜欢全身心地投入工作。我想，如果他们像我一样懂得享受生活而不是一味投入在工作里的话，他们的生活一定

会过得更加多姿多彩。

四、活跃型人格者眼中的艺术型人格者

他们真是一个充满神秘的人群，他们的情感与想法总是让我好奇。在我眼中他们就是一群叛逆者，总是活在自己的世界里，还会冒出各种奇奇怪怪的想法。

可惜的是在大部分时间里，他们都无法控制自己的情绪，尤其是他们经常会被心里的消极情绪所控制，以至于在别人看来他们总是那么的多愁善感，这跟我享受生命的想法完全背道而驰。

五、活跃型人格者眼中的理智型人格者

他们真是一群无聊的人！他们不喜欢冒险，不喜欢刺激，甚至也不喜欢社交活动。他们就像是蜗牛一样，总喜欢一个人待在屋子里。我实在不敢想象如果过上他们的生活我会多难受。

不得不承认的是他们的确才华横溢，而且丰富的知识让他们对自己有着充足的自信。当然，这也使得他们为人孤傲，缺少社交。

六、活跃型人格者眼中的疑惑型人格者

他们是一个有趣的人群，总是把行动和想法区分开来。在行动上，他们处事严谨，而且具有责任心，对领导与上司都表现出忠诚与勤奋。

但在思想上他们却无比消极，而且从来不会去主动探索问题、解决问题，所以他们从来都不会参加我组织的冒险活动。

七、活跃型人格者眼中的领袖型人格者

按常理说，他们更像是大哥哥，为人爽快的他们做事从来不拖沓，而且喜欢抱打不平，敢于挑战权威。

可是他们总是没有办法克服性格上的暴躁与鲁莽，他们着急起来的时候不管面对谁都必须骂上一通，而且他们有极其强的支配欲，总想着支配与剥夺他人的自由。这让我不得不对他们退避三舍。

八、活跃型人格者眼中的和平型人格者

他们跟我一样，是一群热爱自由、追求无拘无束生活的人。他们性格随和，无论什么情况下他们都愿意聆听我的经历，支持我的想法。跟他们在一起的时光我总是能够很好地放松，不会有什么紧张的情绪。

不过他们很少会成为我的玩伴。因为他们的性格偏于文静，不喜欢冒险的他们甚至无法短时间内做出任何决定，所以很多时候他们都宁愿自己待在屋里享受阳光，也不愿意跟我一起去探索高山大海。

八号领袖型人格——高高在上的专制狂人

如果说，有的人天生就拥有当领导的特质，你相信吗?

这样说并不是表示其他人格者没有当领导的能力与个性，只是因为他们从事管理岗位前需要经过后天的积累与学习，而有的人天生就有着领导的气魄：

他们从来不会让身边的人知道自己的弱点，也不会让人看到自己不堪的一面；

他们对弱小的人有一种天生的保护欲，对强大的人又具有挑战欲；

重要的是他们对权利有着与生俱来的意识，他们从小就知道捍卫权利与实践义务。

在职场中，他们有着自己独特的作风，认准目标以后他们便全力以赴，绝不受任何其他外来因素干扰。对于他们而言，只有不断地提高自己，让自己保持着强大的力量，方能够获得主动地位，才有能力保护身边弱小的伙伴。

很多时候他们会为了完成一件事情全力以赴，而不顾他人的感受。因此他们的人际关系往往并不如其他人格者好，但不管怎样，他们对待目标与保护弱小的行为已经值得任何人对他们报以尊重的目光。

这些人就是我们九型人格里面对权力最为崇拜的人格——领袖型人格者！

领袖型人格者的特点：

人生信条	锄强扶弱，打抱不平
基本认知	不能让人看到自己疲惫的一面
深层恐惧	害怕被他人发现自己的缺点
性格特征	强势，做事有冲劲，对人与人之间的情感互动相对麻木，待人处事具有极强的个人主义色彩
积极信号	带领团队发展，做事追求公平公正，杜绝任何虚伪的行为
消极信号	为了目标很可能会做出胁迫行为，且为人专横，顽固
处事风格	不达目标誓不休，捍卫权利与话语权
最佳岗位	律师、销售经理、慈善工作

性格长成：受尽欺负的童年

领袖型人格者的童年可以说充满悲情，他们要么受尽了各种不公正的对待，要么经常被比他们更加强大的人欺负，以致他们的内心里产生了这么一个想法：长大以后我一定要变得更加强大，去保护比我弱小的人。

正是这样的童年环境激发起了他们坚忍的意志，他们不甘于在这个充满欺凌的世界里一蹶不振，于是在潜意识里把自己定位为百折不挠的战斗英雄，他们把自己武装在冰冷的铠甲中，舍弃软弱，让自己变得独立、坚强。

领袖型人格者信奉拥有实力才能把控自己的命运，所以他们从不自怨自艾，也从不轻易向困难低头。他们讨厌童年时的自己，觉得自己应该更早地背负着痛苦前行，所以他们也同样讨厌身边一切妥协软弱的人和事。

可是，看上去充满霸气的领袖型人格者其实骨子里是善良的，曾经受尽欺负的他们从小立志要成为他人的保护伞，而且这种想法让他们在成长的路上不断提升自我，最终不断超越同龄人，成为人群中最坚强的存在。

性格初探：挑战强者与保护弱者

领袖型人格者独立性非常强，他们正直勇敢，自身散发着独特的领导气质，并且对于权力与控制欲有一定的追求。在他们眼中没有与自己永远平等的人，只有即将超越的强者以及需要保护的弱者。

在小说《麦田里的守望者》里，作者就给我们描述了这么一个领袖型人格的主角：霍尔顿是一名高中生，他成长在“二战”结束后的美国，当时美国粉饰太平的氛围让他感到无比厌恶。

他讨厌虚伪，也讨厌罪恶，他因为校长的两面三刀而不惜公开弹劾校长，因为舍友不尊重女性而不惜与他大打出手。他一直以来都追求着自己认为对的东西，哪怕是付出了被开除的代价。

被赶出学校以后的几天，他看到了更多社会上不平的事情，而这一切都引起了他奋力的抗争，事实上他因为这种抗争而遍体鳞伤。

到最后，霍尔顿甚至想过远离文明社会，装成聋哑人去西部度过余生，但他又无法割舍自己对妹妹的疼爱，他不希望妹妹在这个世界里被污染，他希望能够尽自己最大的能力去保护她。实际上，霍尔顿更梦想着能够以自己的能力去守护更多比他弱小的人。

在跟妹妹聊天的时候，霍尔顿说："不管怎样，我老是在想象，有那么一群小孩子在一大块麦田里做游戏。几千几万个小孩子，附近没有一个人——没有一个大人，我是说——除了我。我呢，就站在悬崖边。我的职务是在那儿守望，要是有哪个孩子往悬崖边奔来，我就把他捉住——我是说孩子们都在狂奔，也不知道自己是在往哪儿跑，我得从什么地方出来，把他们捉住。我整天就干这样的事。我只想当个麦田里的守望者。"

这就是领袖型人格一生所追求的，他们善于挑战强者，梦想着以自己觉得对的姿态去替代现有的强者，另一方面他们十分关爱弱者，就像霍尔顿所说的，他们可以耗尽所有去保护那些需要自己的人。

在叛逆的时候我们都曾经有过这样的想法，但对于大多数人而言，那只是年轻时候自我认知与现实之间的碰撞，真正的领袖型人格者却一直都拥有着这样的信念，他们永远追求着自己内心的向往，就像是书里写的一样：“他们永远相信梦想，永远热泪盈眶。”

当然，有时候他们会因为追求自己心中所想而漠视了人与人之间的关系，事实上他们的人际关系很少有平等的情况。毕竟在他们眼中只有挑战与保护，当然在寻求合作的时候他们也会以暂且平等的态度待人，但他们在交际方面总会有所欠缺。

他们跟助人型人格者在某些方面恰好相反，助人型人格者喜欢对人不对事，而大多数领袖型人格者却采取一种对事不对人的处事方式，甚至会淡化人际关系的作用。

职场攻略：手握大权的领导者

？

思考：如何能够成为领袖型人格者手下最得力的助手？

领袖型人格者是职场上的宠儿，他们不仅是下属眼中充满正义感的领导者，同时也是领导手下最得力的助手。

他们从来无惧困难，只要认定了目标便会排除万难、不顾一切地奋斗。因而，他们总是能够凭借着自己的能力成为团队中的领导者，甚至会激励自己朝着更远大的目标进发。

在这种进取的决心驱使下，他们对自己的团队也有着极高的要求。领袖型人格者是天生的领导，在他们的进取心感染下，团队中的成员大多亦能备受鼓舞，从而团结一致，成为最具有竞争力的精英团队。

因而，如果团队中有一名领袖型人格者的话，那么与成功的距离便又拉近了不少。在职场上我们应该如何与领袖型人格者共处呢？其实并不困难。

职场上有力的掌控者

在领袖型人格者眼中，只有强大的自己才能够受到他人的尊重，他们穷尽一生都为了让自己变得强大而奋斗。他们的骨子里烙印着占领与控制的基因，当掌控了属于自己的领域时，领袖型人格者便开始尝试着发展自己的权力，追求权力给予他们的满足感。

他们的处事风格是以结果为导向的，在领袖型人格的领导看来，身边所有的人都需要自己的保护。他们一直努力追求控制与占领的满足感，他们在自己的领域中一如既往地强硬，并且以强势的姿态去要求下属。

前阵子，安娜所在的部门实现了调整合并，公司的销售一组与二组合并为新的销售部门，而安娜则被任命为新销售部的主管。在上任的第一周，她将原来销售二组的激励方案与销售战略统统作废，并且将原来只适用于小型小组的销售方案套在了新的销售部中。

其间，原销售二组的组长向安娜提出了一系列的建议，并且对此做出了分析，他的举动让安娜勃然大怒，并且借故将其调走了，安娜将自己的想法彻底贯彻到新的销售班组之中。

后来，大家看她如此专制，都不敢提意见了，只能听从她的吩咐。

领袖型人格领导很少会在乎所谓的人际关系，他们只在乎自己是否有足够的能力去支持他们在某个领域成为最强大的boss。因此，安娜不惜得罪原销售二组的组长，乃至于在员工面前展示出她独权的一面。

安娜的性格虽然不为下属喜爱，但她所掌管的销售部往往能够达到最好的业绩，她对下属也十分照顾。

当下属受到客户无理责备的时候，安娜得知后一定会替下属跟客户要个说法，甚至不惜破坏与客户之间的关系；

当下属的切身利益由于不可控因素而受到损害时，安娜宁可自掏腰包弥补下属；

当她下面的员工在工作中受到其他领导批评时，她也会想方设法为员工据理力争，哪怕这大大影响了她在领导心中的形象。

其实很多领袖型人格者都是这样，他们在性格上并不讨喜，可是他们所坚持的信念却能够让身边的人感到安心。就像安娜一样，她的一举一动都告诉她的员工：只要我在，就没有人能够欺负你们。

他们就像是将军一般勇往直前，并且会想方设法让自己所制定的一套“军法”变得不容置疑。

他们以单一的目光看待事情，当他们认为身边人值得信赖，并且在这个人身上贴上“忠诚”的标签时，他们会想方设法地去保护对方，甚至将对方看成自己的忠实助手。而一旦失去了他们的信任，那么大多数情况下他们就不会再任用此人。

然而，接受领袖型领导的掌控并不代表必须对他们阿谀奉承，他们有时候更喜欢有自己想法的员工。所以，在面对分歧时，我们也可以带着尊重的态度与他们商讨，但不要一味地否定他们的看法坚持自己的意见。

总而言之，作为领袖型人格领导下属的我们需要对上司抱有尊重的态度，并且理解他们的举动，从而与他们建立起良好的合作关系，成为他们身边最信任的员工。

领袖型领导厌倦事无巨细的汇报

领袖型人格者在职场上给人的印象是具有感染力的将军，他们性格比较急躁，做事不拘小节，因而一旦陷入太多细节工作中便很容易暴怒。

李璐是一名缺乏主见的设计师助理，她供职于一家广告设计公司。有一次，领导有意评测李璐的能力，将一个设计任务全权交给李璐。

接到任务后，李璐开始埋首工作，然而在设计过程中有太多的不确定性，加上李璐害怕由于工作失误而被领导责备，因此事无大小地向领导汇报。

最终，领导由于对李璐的汇报烦不胜烦，找来另一名同事接管了李璐的工作，让李璐继续充当助理的角色。

其实在工作中多与领导沟通是确保工作顺利完成的主要途径，然而故事中的李璐过于依赖沟通，对事情细节的拿捏不到位，因而导致了领导的反感，使得自己成了领导眼中“无能的员工”。

所以，作为领袖型领导的属下，我们要学会了解他们厌倦细节的特点，在汇报工作的时候要抓住最重要的部分，言简意赅地进行汇报。

如果我们事无大小地向他们汇报，他们便会觉得我们的工作能力有所欠缺，从而对我们失去信心，把培养资源留给其他有能力的员工。

为领袖型员工创造公平的环境

领袖型人格者在职场上有一个很好的特性：他们想方设法让自己的能力高于身边的人，却从不会因为自己的强大而剥削比自己弱小的人。在他们眼中，自己身上所有强大的基因都是为了维护公平而存在。

对于领袖型员工而言，工作环境存在不公待遇以及领导者的偏心是他们最不能忍受的情况。因此，创造公平环境是领导与领袖型员工之间建立良好合作关系的前提条件，唯有致力于为员工创造公平的工作环境，领袖型员工才会认可领导的价值。

作为领袖型员工的领导，我们不妨尝试着为他们创造公平公正的工作环境。在这样的工作环境下，领袖型人格者往往能够激发出强而有力的竞争欲，并且用超凡的实力促进团队的良性竞争，使团队快速发展，成为具有竞争力的团体。

爱情秘籍：爱情中的霸道总裁

思考：如果让你选择，你愿意跟领袖型人格者谈一场恋爱嘛？

想要尝试与霸道总裁谈一场轰轰烈烈的恋爱吗？想要感受被伴侣的霸气所支配的爱情生活吗？领袖型人格者能满足你的所有愿望。

领袖型人格者的爱情关键词是“担当”，在爱情中他们是九种人格当中最具备责任感的。他们一生可能只关注一个人，对一段爱情倾己所有地付出。他们的追求很简单：一份事业、一个爱人，然后为了这两个人生最重要的领域去奋斗。

听起来，领袖型人格者也算是完美的爱人，不过人无完人金无足赤，享受领袖型人格者带来安全感的同时，也必须要忍受他们强势的性格。

在感情中，领袖型人格者会通过各种方法去掌握两人之间的主导权，随着两人的感情不断升温，他们会尝试着以自己的意志去主导一切。虽然，在相互磨合下，领袖型人格者会逐渐放下自己的强势，其刚烈的性格也会在恋人面前逐渐变得温柔，但是说到底他们不喜欢依赖恋人，同时也不喜欢被别人所依赖。

因而，在与领袖型人格者的恋爱中不妨尝试着去习惯他们的强势，并且享受他们带来的担当与责任感。

领袖型人格者拥有爱情中的最大魄力

领袖型人格者对于爱情有一定程度的洁癖，他们不会轻易地确立一段感情关系。一旦他们认定了对方，便会对这份感情报以十二分的忠诚与责任。

在九型人格里面，领袖型人格者被称为情感的守护者。尤其是男性，他们在爱情中表现出来的热情、勇气与担当让伴侣感到独特的安全感，并且他们热情洋溢的自信会成为伴侣眼中最大的魅力所在。

在感情中，他们愿意一生一世地成为伴侣的保护伞，宁可委屈自己也不愿伴侣受到半点委屈。对于他们来说，爱情就是责任与呵护，领袖型人格者会在生活中承担起所有的家庭责任，然后保护对方不承受生活的压力。

另一方面，他们会最大限度地满足伴侣的物质需求，不管是平日费尽心思的小礼物还是长远的家庭发展目标，他们都力求做到尽善尽美，让伴侣感受到爱情的甜蜜与自己的爱意。

总而言之，领袖型人格者将呵护伴侣当成是爱情中唯一的理想，并且会为了这个理想不惜放弃一切。作为领袖型人格者伴侣的我们，不妨尝试着去欣赏他们给我们带来的安稳与甜蜜，然后带着感恩的心去回应他们的付出。

给领袖型人格者留足面子

如果说除了事业之外领袖型人格者还有什么值得骄傲的话，那么爱情一定是他们最值得骄傲的一部分。

在感情中，他们往往以主导者自居，甜蜜的爱情是他们在人前最大的骄傲，而且他们会因为伴侣倾心于自己而感到自豪。同时，他们在爱情中也会存在着较强的自尊心，他们认为在人前保持面子是一件重要的事情，并且愿意用一切代价去捍卫自己的面子。

添添与楠楠是一对恩爱有加的伴侣，添添是某出口企业的高级管理人员，而楠楠平日赋闲在家，凡事都对添添百依百顺，深得添添宠爱。

在某次朋友聚会中，楠楠一时兴起说到了添添平日在家的囧事，引得朋友们哄堂大笑。本来情绪高昂的添添突然间就变了脸，并且对楠楠大发雷霆，到后来甚至不辞而别。

俗话说得好："人活一张脸，树活一张皮。"有时候人往往会十分注重面子，领袖型人格者更甚。就像是添添跟楠楠，虽然添添知道那不过是一个无关痛痒的玩笑，可是当他的面子受损的时候依然免不了产生情绪波动。

如果我们的伴侣是一个典型的领袖型人格者，那么不妨以包容的心去对待他们的自尊心，多给领袖型人格者留点面子，在人群中多夸奖他们，主动维护他们的个人威信，如此他们才愿意对你交托全副身心，宠爱有加。

理解领袖型人格者的暴躁

领袖型人格者在爱情中还有一个特点：他们对于伴侣总是毫无保留，想笑的时候尽情地笑，生气的时候也丝毫不含糊。他们认为面对伴侣就应该完全坦诚，而不应该克制自己的情绪。

领袖型人格者在职场上极具攻击性与压迫性，以至于他们在感情生活中也丝毫不畏惧与伴侣争吵。

这也导致了一个会影响他们感情质量的问题出现：在伴侣面前，领袖型人格者从不克制自己的负面情绪，哪怕他们明知道会引发争吵。

很多领袖型人格者的伴侣认为，经常主动挑起争吵的领袖型人格者显然对这份感情不很珍惜，以至于很多情侣都因为这样的问题而悲剧收场。然而，事实并不是这样：

面对暴躁易怒的领袖型人格者时必须要明白的是，很多时候，他们发脾气并不是因为生气，而是因为着急。因为他们心里对成功有一定的渴望，讨厌面对失败，所以当生活中的人和事脱离自己的掌控时，他们很容易会表现出着急的情绪，从而演化成旁人眼中的暴怒。

所以，作为领袖型人格者的伴侣，要学会以平常心去对待他们的愤怒，因为那也许是他们因无力感而产生的焦虑，也可能仅仅是一时的负面情绪宣泄，只要对他们的愤怒不做理会，等情绪过去以后一切便会恢复如初。

如果你是领袖型人格者

一、领袖型人格者眼中的完美型人格者

他们做事认真，并且具有一定的责任心，是我工作上的好伴侣。他们做事有着严谨的逻辑，无论多么杂乱无章的事情都能被他们梳理得条理分明。与他们共事我可以将细节交托给他们，而我只需要全力达到目的即可。

可是他们有一点实在是很不好，总是不懂得变通，无论什么事情都必须做得完美无瑕。有时候他们更会觉得我做事过于鲁莽，甚至以他们的主观意识来命令我，这让我感到十分讨厌。

二、领袖型人格者眼中的助人型人格者

我跟他们简直是两个世界的人，他们对待别人的温柔态度是我所欠缺的，也是我所不屑的。你知道，他们为了让别人认同自己，竟然会做出委曲求全的举动，总是喜欢以受害人的姿态去博取他人同情。我实在不敢想象如果我变成他们那样会是多么的懦弱。

说真的,在他们这种性格中,我可以看到自己与生俱来的保护欲，可是不知道为什么他们总是跟我保持一定的距离。也许是他们性格太过于懦弱，所以使得他们对我有一种不可言状的恐惧吧。

三、领袖型人格者眼中的成就型人格者

我跟他们的交流不多，因为他们总是能够知道我所想的事情。很多时候，我只需要一个命令，他们便能够将一切都处理妥当。与他们共事我可以省去很多时间，因为他们不会因为挫折而感到烦恼，反而会因此而变得更加活跃。

但他们跟我有一点不同，他们的城府很深，在面对机遇的时候更擅长塑造自己成功者的形象。可以说，为了达到目的他们比我更加不择手段。

四、领袖型人格者眼中的艺术型人格者

如果可以的话，我真不愿意跟他们一起共事，甚至我不可能跟他们交流超过十分钟。对我而言，他们的情感太过于丰富，以至于总会有太多太多负面的想法。

要成为生活中的强者，我们只能不断解决困难勇往直前，而他们却宁愿沉浸在自己的情绪当中，或者是因为一些不切实际的想法而伤害自己。我实在没有办法掌控他们的言行举止。

五、领袖型人格者眼中的理智型人格者

如果他们不是那么孤傲的话，我跟他们一定能够形成完美的互补。是的，理智型人格者非常博学，他们能够全面地、理性地看待不同的事情。他们的价值只在于他们的思想，在行动力方面他们简直不值一提。

更重要的是，我讨厌他们待人冷漠的态度，那种拒人千里之外的嘴脸甭提多难看了。当然我知道，他们也不喜欢我的冲劲。

六、领袖型人格者眼中的疑惑型人格者

他们是一群时刻准备着推翻我权力的“起义者”，别看他们如今忠于我，并且看上去心甘情愿地为我工作，但他们经常会对曾经的领导者加以诋毁。在他们眼中，我也许只是一块跳板，我知道他们随时会离开我。

事实上，我也不愿意重用这类人，因为他们总是安于现状，对新事物有所恐惧，凡事都不愿冒险。缺乏自信的他们看上去就像是一群只会寻求帮助的懦夫，而我恰好最讨厌这种人。

七、领袖型人格者眼中的活跃型人格者

他们在我的眼中就是一群长不大的孩子，热爱冒险而且对新事物有极好的接纳能力。对于他们的机智灵活我自愧不如，但他们的这种性格并没有为我的事业带来多大的帮助。

我曾经也认为他们这种热爱冒险的方式与我有所相似，但他们这么做仅仅是为了满足自己的好奇心，他们对事情失去了新鲜感以后，就会想方设法地离开，没有一点责任感。

八、领袖型人格者眼中的和平型人格者

我很烦他们，生活中又不能缺少他们。每当我情绪失控的时候，他们总是能够很好地帮我平复情绪。他们就像是海水一样，无论我怎么发脾气，他们都能够做到冷静对待。

尤其是当我把事情交给他们的时候，他们那种慢慢悠悠的工作态度总是让我怒不可遏。而且被动的他们从来不会跟我主动交流，宁可犯错也不愿意主动请教，这是我对他们最恼火的一点。

九号和平型人格——矛盾生活中的调解员

如果你不曾有过这样的经历，你永远不知道自己生活在多么幸福的世界里:

当你跟别人争吵的时候，你的朋友总是第一时间上前调解，然后费尽心思给你最贴心的安抚;

当你获得成功的时候，你的闺蜜总是第一时间送上祝福，并且脸上流露出发自内心的喜悦;

当你面对困难的时候，你的伙伴总是与你同舟共济，哪怕是牺牲了自己的时间与利益也丝毫不顾。

我想每个人身边应该都有这样的朋友，他们的存在就像是冬日里的暖阳，让你在严寒的生活中依然能够感受到一抹温情，他们习惯站在每个人的角度思考问题，并且乐意成为你内心真实想法的附和者。

也许，世界上并没有真正的感同身受，但是如果有一个人愿意努力地理解你，又何尝不是一种幸福呢?

是的，在我们身处的世界里，有那么一类人，他们相比其他人更愿意费心思去理解身边的人，并且在冲突中为每一个人辩护。他们是朋友圈里面的知心人，也是每个朋友心中的最佳树洞。

这就是九号人格——和平型人格者。

和平型人格者的特征如下：

人生信条	没有绝对的对错，只有将心比心的理解
基本认知	多一事不如少一事，多点理解少点冲突
深层恐惧	与他人产生冲突，被强迫做事
性格特征	亲切随和，善解人意，缺少主见，不喜欢就任何事情表态，缺乏表达自己的能力
积极信号	顾全大局，能顾及身边所有人的情绪与需求，习惯抹平现实中的冲突
消极信号	习惯拖沓，对任何事情都处于观望态度，喜欢重复熟悉的工作，不喜欢突破自己的舒适圈
处事风格	享受安逸的现状，容易被他人的意见带偏，处事温和
最佳岗位	银行、法院等条理分明的事业单位

性格长成：被否定的童年

大多数和平型人格者对自己的童年都是失望的，他们在一次次被否定的过程中学会了掩饰自己内心真实的想法，而且强迫自己去理解他人，为自己所受到的心灵创伤找到借口。

比如说，他们的父母也许总是因为忙碌而忽视了对他们的一些承诺，或者说当他们想要某样玩具的时候，父母总是敷衍了事，这些童年的小事对和平型人格者的影响颇为深刻，并且因此形成了他们最终的性格。

久而久之，他们便学会了如何通过自己的方式去保持人与人之间的平和，而渐渐地抹杀了自己真实的想法。

大多数和平型人格者都有过这样的想法，他们觉得坚持自己的看法实际上是一件吃力不讨好的事情。他们有的会认为如果自己的观点与他人的观点碰撞时，很容易会让别人忽视自己，甚至藐视自己，也会让平静的生活陷入争论的漩涡中。

因此，很多和平型人格者都习惯于持观望态度，并且习惯性地去附和别人的想法与态度，与他人保持良好的关系，避免冲突。

性格初探：拥有最美好的世界观

前阵子，在法院从事记录员的文南讲了这么一个真实的故事：有一名劳工由于被包工头拖欠工资，无法回家过年。迫于无奈的他最终选择了铤而走险——偷入包工头家中盗窃，最终被当场发现的他被判处一年有期徒刑。

听完故事，我们大家都纷纷发表了自己的看法，有的人认为既然劳工犯罪未遂，而且此举也是迫于无奈，那么法律就应该从轻发落。也有人认为，法律就是法律，无论犯罪者是多么不得已，也不能触碰法律的底线。

对此，文南是这样说的：“我觉得这事根本也就没有必要闹到法庭吧，我可以理解包工头年末收款难，毕竟大部分人在经济条件允许的情况下都不愿意拖欠着别人的钱不还。而劳工辛苦劳作了一年，到年末还没有收到工资回家，也难免会做出铤而走险的事。其实这事大家互相谅解，也就不会搞得不欢而散了。”

听了文南的话，我们一致得出了同样的结论：要是让文南当法官的话，那么他一定每天都活在进退两难的境地里。

是的，在我们的生活中会有这样的人，他们说话的时候总是模棱两可，对任何事情都不置可否，甚至还有“墙头草”的倾向。

对于文南来说，记录员可以说是为他量身定做的岗位。在记录案件进程的过程中，他不会如其他人格者一般在开庭记录上无意识地添加自己的主观意见，而是采取一种尽可能客观的方式去记录。

有人说，这样的性格未免过分圆滑，很多时候都没有办法表达出自己的意见。然而，在日常生活中这样的人比比皆是，他们在议论一件事情的时候总会兼顾所有人的情绪和需求，所说的每一句话都能够让人感到愉悦与安心。虽然大多数情况下，我们仔细斟酌会发现其实他们所说的话空洞无物，但这也是他们为人处事的特质——热爱和平，避免冲突。

就以文南为例，他的口头禅是：“大家互相谅解，其实小问题而已。”他觉得只要大家都像他一样学会谅解对方，那么这世界最起码有 90% 的争执就不复存在。

他在朋友圈子里可以说是公认的“和事佬”，每当他的朋友在发生争执的时候都喜欢询问他的意见，而每一次文南都能够将所有人讲得心服口服：是的，他习惯附和每一个人的说法，并且以最真挚的诚意尝试着体谅每一个人，并且设身处地地为他们辩解。

每次他调解冲突的时候，他的潜台词就仿佛在说：没有人会是绝对的正确，也没有人会是绝对的错误，大家尽可能去理解他人，然后反省自身，只要可以坐下来好好谈，没有什么问题是要靠争吵解决的。

可实际上，他并不享受当“和事佬”的过程。他认为每一次的调解都是外在因素对他生活的打扰。就像是一个平静的国家在遭遇战火的时候渴望尽快解决问题，然后恢复和平一样。

如果没有人打扰的话，文南更愿意独自享受小资的生活，读书、看综艺是他平日最喜欢的，甚至他有时候宁愿独自在家也不愿意参与集体活动。当然，如果有人邀请他前往的话，他会顾及他人的面子而放下手头的事情参加聚会。

在和平型人格者眼中生活永远都是静好的，更有人以“粉饰太平”的态度对待生活，他们逃避冲突，宁可抹去自己性格上的棱角，也不愿意与他人产生碰撞。

哪怕是在平时出现一些不得已的争执，他们也会选择竭力淡化冲突，他们相信黑夜过去了以后，黎明就会重新到来。

职场攻略：最佳的倾诉者

思考：和平型人格者真的是一群没大志的群体吗？

和平型人格者在职场上是十分特别的存在，他们慵懒平凡，缺乏个性，经常被看作是不求上进的凡夫俗子。

他们不如完美型人格者那般原则坚定，没有助人型人格者的那种热情慷慨，在抱负上他们不如成就型人格者，更不用说艺术型人格者的情感细腻与理智型人格者的博学多才。

相比起疑惑型人格者，他们缺乏言出必行的魄力，没有活跃型人格者身上的冒险精神，也没有领袖型人格者的领导风范，他们是一群没有脾气与性格的职场边缘人。

但和平型人格者并非所见的那样，他们仅仅是喜欢收起自己的锋芒，不愿与他人产生意见分歧与竞争，始终保持低调，主动在人群中隐藏起自己的身影。

他们这样做的原因在于不愿意被外界的纷扰打破内心的宁静，所以他们在人前只会展示自己平凡的一面，避免对其他人产生任何的威胁。

理解他们烦恼的来源

和平型人格者内心的共情力虽然能够让他们在社交中处于不败之地，但这也是他们大多数烦恼的来源。

现在我们不妨想象一个场景：在一个小村庄里有一间小小的茅

屋，正值日落西山时，落日余晖洒在茅屋顶上，稻草泛出了金黄的光泽。此时，一个人在炊烟袅袅的静谧中闭目养神，享受着一天中最后的温热……

很惬意对不对？这就是和平型人格者心目中最向往的生活。他们没有太多的功利心，也没有太多的欲望，从某个角度来说，他们就像是孩子一样不懂得为什么身边人都为了满足自已的欲望而舍弃世间最美好的事物。

如果可以的话，他们愿意成为太平盛世中的一个隐士，每天赏花吟唱度过一生。只是在如今的社会中，没有人能够脱离集体而活着，又或者说隐居并不符合现代人的生活认知。

于是，他们被生活推到了人堆里面，在人情世故中生存着。但哪怕是身处瞬息万变的时代，他们的内心依然渴望着平静，于是他们便培养出了过人的共情力，让自己不至于卷入他人的纷争之中，并且以一种不得罪人的姿态去处事为人，竭力平息战争的能力便是他们面对生活最有力的武器。

可惜的是，他们不愿意卷入纷争当中，并不代表他们能够在人与人的关系中全身而退。如果说和平型人格者每天所遇到的都是无伤大雅的事情的话，那么他们一定会以最快速的方式脱离。

只是在现实生活中没有人能够以“事不关己”的姿态度过每一天，当事情的发展涉及个人的利益与责任的时候，和平型人格者身上的共情力便会将他们推到一个进退两难的境地。

比方说，作为某房产业务销售公司一员的树懒先生就遇到过这样的难题。在一个制定第三季度销售战略的会议中被领导点名，让他就目前的形势发表自己的意见。

在他之前，小组中的每一个成员都发表了自己的看法，其中一部分人认为就目前的形势而言，小组应当暂时偃旗息鼓，储存能力冲击第四季度业绩；也有一部分人认为，目前部门第二季度的销售业绩良好，应该乘胜追击，继续采取开源政策。

树懒先生对双方的想法都表示了赞同，随后他在大家的目光中慢慢退回座位上。领导对他的表现不置可否，但树懒先生明显可以感觉到领导眼中的失望。

会议结束后领导要求每个人当天晚上必须做一份关于第三季度销售战略建议的汇报。树懒先生始终觉得，无论是什么样的销售策略都会有各自的利弊，那些支持开源政策的人大多数都是年轻一代，他们也许觉得自己并不会在公司留太久，所以想要赶紧将手头上的意向变现。而支持偃旗息鼓的一方大多是有经验的老销售，他们处事一向稳重，稳定的收入让他们希望在未来一个季度能够稍作休息。

后来，树懒先生更是觉得这次会议就像是薛定谔的猫一样，采取什么样的策略都没有办法让大家明确哪一个会为公司挣取更多的利润。树懒先生为此感到无比烦恼，他没有办法理解这次争辩的意义，反而思考的过程中越来越多的念头在他的脑海中浮现。

这时候的他就像是一个耍杂技的小丑，必须要同时对付空中此起彼落的小球，而在这些小球中他无法选定哪一个是更好的。

到最后，树懒先生很好地将整个会议进程以及每个人的思路整理出来，但还是没有办法从中选择一个对他而言正确的，且能够让他全身而退的抉择。

很明显，树懒先生在所有人的思维中陷入了困境，他的确拥有梳理全局的能力，和平型人格者所特有的性格也让他乐于去梳理每个人的想法与初衷，但轮到自己的时候，却变得无所适从。

可以看出，和平型人格者的共情能力远远强于其他人格者，这也是他们赖以为生的才华。只是这种才华也是他们的主要烦恼来源，他们可以在一件事情中感受所有人的想法，却总是在这些形形色色的想法中迷失了真正的自己。

凡事都有两面性，他们可以解开生活中各种无法解开的死结，但也因为这种能力而总让自己陷入死结当中，成为严重的“选择困难户”。

所以，作为和平型人格者的领导，不妨学会理解他们的烦恼，从而以明确的工作指令去引导他们工作，避免他们在工作中出现“选择困难”的情况。

帮助和平型员工找回自己

“为自己而活”，这些年仿佛变成了新一代年轻人的生活信仰。尤其是在当代大部分的年轻人都高呼着“自我”的时代。

然而，和平型人格者的生活却是将大多数时间都用在了他人的身上。甚至在生活需要他们表达自己的立场与看法时，他们一时之间无法找到内心最真实的想法，或者是出于莫名的恐惧而将真实想法掩盖。

是他们没有独立思考的能力吗？还是他们没有特别热爱的事物？恰好相反，他们有自己喜欢的明星，也有自己喜欢的生活，但却习惯将这些喜欢暗暗藏在心底。

在团队中，他们的使命是成为一个团队的黏合剂，竭力保持团队的和谐声音。

然而，当团队中的主流氛围与自己内心的想法背道而驰的时候，他们会感到烦乱，甚至会郁郁寡欢，然后从团队中每一个人的想法中选择比较靠近自己想法的人去支持。

所以当我们跟和平型人格者沟通的时候要知道的是，如果他们没有附和你的意见或是想法，也许那便是他们对你想法最大的反对声音。毕竟他们并不习惯在人群中提出反对的声音，他们最熟悉的反对方式便是无声的抗议。

事实上，他们也经常会通过别人的看法或是权威的声音去表达自己的观点。当需要表达自己的观点时，他们会通过某些体系与他人的想法来提高自身观点的合理性。比如说，他们会在谈论问题的时候引用法规："我认为事情应该是……的，你看啊，根据《经济法》第 8 条……"

一个和平型人格者的成长道路是曲折的，所以作为领导的我们应该懂得他们的这种心理，并且学会从他们的话语中了解其内心真正的想法。

避免和平型员工拖泥带水

和平型人格者虽然习惯在生活中附和和支持别人。但他们并不是毫无底线、毫无原则地盲目支持。

很多人觉得他们跟助人型人格者十分相似，实际上助人型人格者愿意主动地去接触、迎合他人，而和平型人格者却是处于一种被动的姿态。他们唯一主动的努力就是维持现状，不让外部的力量打扰到自己平静的生活。

同样的，当外在的力量达到无法调解的程度时，他们会尽可能地延续目前平静的状态，并且不断以逃避的形式延长问题来临的时刻。

当生活中某些想法触及他们的原则时，他们就会沉默不语，甚至采取一种“耗到底”的态度去表达自己的不满。

还记得树懒先生吗？在领导布置了汇报任务后，他一直都没有办法做出自己觉得正确的决定。于是在次日早上他成了整个小组里面唯一没有上交报告的组员。

领导曾不止一次催他要报告，可他每次都以忙碌作为借口，后来领导等得不耐烦，终于放弃了让树懒先生交报告的念头。这就是和平型人格者常见的做法，他们大多数时候都不懂得直接拒绝别人，而是以一种拖泥带水的方式让别人放弃。

他们无法利用附和的方式避免冲突时，便会躲避冲突。他们宁愿干耗着，任由时间一点一滴地过去，或者是对其他人的事情劳心，而忽略了自己手头上的事情。

这不难理解，毕竟对于他们而言，别人的事情与自己的事情一样重要，既然如此为什么不先把力所能及的做完，再考虑那些自己无法完成的事项呢？

还有一种情况，就是他们也会在身边人的要求下给出自己的看法与答案。

然而可以肯定的是，他们的想法并不是从脑子里冒出来的，而是通过排除法筛选出来的。有时候他们在经过思考以后，发现自己曾经在附和的想法其实跟自己的想法背道而驰，那么他们便会从这些否定的想法中衍生出肯定的答案。

他们并不是一直都没有自己的看法，而是需要时间通过否定那些不属于自己的想法，从而缩小选择范围，从中找到自己的想法。

在旁人看来，他们的做法的确是很拖泥带水，但是他们充分考虑到了每个人的想法，并且在其中找到一个相对符合自己想法的答案，甚至是结合他人的长处、兼顾所有人的情绪而衍生出自己的答案。

他们一旦认定了自己的想法便会全力以赴。而在此之前，他们需要不断地了解他人的想法。与其说他们这种做事方式有点拖泥带水，倒不如说他们宁愿用自己的时间去了解全局，然后以最折中的方式去处理每一件事情，以求做到和谐美满。

爱情秘籍：平淡是一种幸福

思考：和平型人格者所追崇的毫无波澜的爱情是我们想要的吗？

如果，你想要找对你百依百顺的伴侣，那么和平型人格者绝对是最佳人选。一来，他们愿意站在对方的角度去思考问题，绝对是最好的倾听者，另一方面他们有着极其强大的共情力，能够很好地了解你内心的情感。

和平型人格者的爱情关键词是“平淡”，他们宁可将生活中所有的选择权都交给对方，也不愿意破坏他们内心的平静。这也意味着，他们总是将伴侣的意见当作是自己的想法，完全将伴侣放在心中的第一位。

与和平型人格者恋爱是一件幸福的事情，他们总能够与你分担你的各种情绪，也能够在遇到问题的时候给你足够的尊重与空间，他们的每一段爱情都能够维持很长的时间，是爱情中拥有着最佳口碑的贴心人。

可是，和平型人格者在爱情中真的如此完美吗？当然不是，但只要我们加以了解，便能够与他们共度一段细水长流的爱情生活。

和平型伴侣渴望温馨的生活

和平型人格者所向往的爱情是平淡的，他们就像是心理成熟的老人家一般，不追求爱情中的轰轰烈烈，也不渴望感情生活中的变化，他们只渴望一段平淡似水的感情生活。

为了达到这种效果，和平型人格者基本不会对伴侣说情话，更不用说给伴侣制造惊喜之类的让感情快速升温的举动。如果你的伴侣是一名和平型人格者，你一定会发现，他们平日最大的爱好就是躺在沙发上看电视，或者是打打游戏、养养宠物之类的。

反正和平型人格者的生活很简单：能躺着绝对不坐着，能待在家里绝对不出门。

可是，并不是所有的人都能够接受他们这种平淡的生活，很多和平型人格者的伴侣都尝试着为他们的生活带来不一样的精彩，可这只会让和平型人格者感到厌恶。

前阵子，李德被公司辞退，他的女友得知后，想要给他制造一个惊喜哄他开心，于是她准备了一顿丰盛的晚餐，并且偷偷买了当晚的电影票，好让李德尽快走出阴霾。

然而，女友精心准备的惊喜却让李德感到厌恶，在日记中，李德如此写道：

“好不容易回到家中，本以为能够结束一天的劳累，在家里好好躺一躺，没想到曼曼竟然让我陪她去看电影，这让我感到心力交瘁。

本来，白天的变故已经让我烦躁不安了，没想到回到家中还得继续操劳，这种生活真是让人感到讨厌。”

如果想要与和平型人格者发展一段长期稳定的恋情，那么切忌以打破生活常规的方式去给予他们快乐。他们内心始终追求宁静安稳的生活，他们在烦躁的时候不会选择购物、暴易暴食等方式宣泄，也不会通过跑步、呐喊等方法驱散负能量，他们只希望能够回到自己的家中，慢慢地等待伤口愈合。

所以，作为和平型人格者的伴侣不妨多以聆听、点头等方式给予他们关注，并且尝试着理解他们内心的感受，让他们能够感受到你的关爱，然后慢慢地宣泄出自己内心的负面情绪。

消除和平型人格者对争吵的恐惧

和平型人格者是爱情中的好好先生，在情感生活中他们厌倦争吵，很多时候为了追求和谐，他们甚至宁可受委屈也选择息事宁人。在爱情中他们总是把恋人的想法当成是自己的行动指引，对恋人百依百顺。

在和平型人格者的眼中，如果大家的意见不合很可能会产生争吵，所以隐藏自己的想法是他们最大的奉献。可实际上这会使得他们的爱情变得更加被动，而且还会陷入恶性循环当中。

众所周知，被动的爱情往往会给双方带来一定的伤害，和平型人格者的伴侣很可能会因为他们的被动而感受不到他们的诚意，从而产生一系列的误解与质疑。而和平型人格者总是将自己的想法埋藏在心里，导致自己内心的需求无法满足，这也会让双方的感情经常处于冷战状态。

一名女生问男友晚上吃什么，正在打游戏的男友说了一句随便，随后女生便大发雷霆，说男友不关心自己，总是顾着打游戏也不愿意想想晚上的晚餐。

而男友则觉得自己对她千依百顺，结果只换来了对方的无理取闹，于是就不再理会女生。从那次以后，这对情侣陷入了冷战，最终分手收场。

故事里的男友就是一名和平型人格者，也许他在很多事情上都有着自己的看法，可是却不愿意透露出自己内心的真实想法，而是选择附和女友，而这一切都是源自他们害怕争吵的性格。

从婚姻心理学的角度看来，适当的吵闹可以提高婚姻的和谐感，男女双方的磨合大多通过吵闹来实现，而总是“相敬如宾”的情侣则很容易爆发巨大的矛盾。所以，懂得如何去处理争吵是婚姻中一门非常重要的学问。

作为和平型人格者的伴侣，我们应该尝试着正确地引导他们说出自己的想法，正确地发泄他们内心负面的情绪，改变他们对争吵的看法与恐惧，从而完成彼此间的深层交流。

引导和平型人格者积极示爱

和平型人格者无论是在生活中抑或是爱情中都是深度的“拖延症患者”，但并不是因为他们懒散，而是他们总是因为不必要的事情分心，并且无法对最重要的事情下定决心造成的。

是的，和平型人格者总是习惯于压抑自己的真实愿望，对于一些重要的事情他们总是不敢表达出自己的想法。他们总是因为别人的想法而妥协，但不久以后他们又会为了自己的妥协而感到不甘与愤怒。

重要的是，当别人的态度不明确或是与自己的想法有所不同的时候，他们便习惯于逃避，在无用的事情上浪费时间，不敢直奔主题表明出自己的态度。

小包最近遇到了感情上的难题，单身多年的他最近认识了一个女孩子，二人相谈甚欢，小包对她甚有好感。可不巧的是，小包的母亲看小包到了适婚年龄，于是给小包介绍了另一个女孩子，看母亲一脸着急，小包不好拒绝，答应了母亲前往相亲。

从小就有选择困难症的小包一时间陷入了烦恼之中，他竟不知道该向谁表达自己的爱意。一方面他并不喜欢相亲的女孩，但对方仿佛对自己有好感；另一方面他又不敢跟自己喜欢的女生表白，女生若即若离的态度始终让他下不定决心。

小包在纸上列出了两个女孩的优缺点，但最终小包却发现不管自己怎么选择，最终难免出现遗憾。后来，小包干脆不去想这事，并且强迫自己不去跟两名女孩联系。

后来，小包在朋友与母亲的口中得知：那个自己喜欢的女孩找了新的男朋友，而那个相亲的女孩更是已经嫁为人妇，组建了属于自己的家庭。

故事里的小包是一名不折不扣的和平型人格者，他拥有着和平型人格者独有的特征——选择困难、拖延。由于他们害怕做选择，所以在他们的认知里觉得不做选择就是最好的选择。他们把拖延当成了自己的护身符，在感情生活中总是不肯积极行动，最终只能在一次次遗憾中悔恨莫及。

所以，作为和平型人格者的伴侣，我们必须要懂得他们拖延与害怕的心态。不过不要紧，和平型人格者具有极高的共情力，他们能够感受到我们心里头的情绪。当我们发现和平型人格者总是怯于表达自己的情感时，只要我们发出积极的暗示，给予他们发自真心的关怀，他们便能够感受到我们的真诚与心意，并且对我们做出最甜蜜的回馈。

如果你是和平型人格者

一、和平型人格者眼中的完美型人格者

我能够看出他们的专注与效率，总能够感受到他们对工作以及生活的一丝不苟——这都是我所欠缺的态度。

但实际上我并不喜欢他们。他们总是因为坚持己见而跟别人发生争执，而大部分情况下都是因为一些琐碎的小问题。重要的是，他们不仅仅把自己的生活变得枯燥无味，也总想着把我的生活也变成那样。当我没有达到他们的要求时，他们总是喜欢对我进行批评，仿佛只有他们认为正确的价值观才是最好的生活，这让我感到无比苦恼。

二、和平型人格者眼中的助人型人格者

不得不承认的是，他们能够成为任何人的好朋友。他们乐于付出，并且能够明白我心中所想，很多时候他们知道我不愿陷入生活的争吵中，所以会想方设法地主动为我处理一些生活中的矛盾。所以，我跟他们在一起总能够感受到无比的温暖与安心。

虽然，有时候我能够模糊地感受到他们主动帮助我是因为对我有所求，但大多数情况下他们也只是想要博取我对他们的关注与重视。

三、和平型人格者眼中的成就型人格者

他们充满活力，并且在任何情况下都能够做到积极向上，只要

在旁人面前他们就一副精力充沛的模样。在职场上，他们总能够找到清晰的目标，乐观自信的他们仿佛有一种天生的魔力可以消除身边人的迷茫。

只是我跟他们之间仿佛有着一层厚厚的隔膜，他们这种为了达到目的而不断忙活的生活态度并不是我所向往的。虽然很多时候我尝试着帮助他们放松下来感受生活，但结果只会让他们觉得我过于散漫。所以，我跟他们在交往的大多数时候都是相互看不顺眼。

四、和平型人格者眼中的艺术型人格者

他们喜欢跟我分享自己独特的想法与浪漫，但很多时候他们的想法却无法让我产生共鸣。他们总是沉浸在过去的悲伤里面，这让我感到无法适应。毕竟，在我看来学会珍惜并且享受目前拥有的一切才是最好的生活方式。

更重要的是，他们大部分时间都会感情用事，他们追逐的是大起大落的戏剧人生，这并不是我所向往的生活。

五、和平型人格者眼中的理智型人格者

对我而言，理智型人格者是我生活圈中最具有权威的一类人。他们具有出众的才华以及理性的分析，以至于很多时候我都愿意倾听他们的建议。

只是他们比起其他人更加难相处，当我的判断与他们的见解出现分歧时，他们总是把他们的主观见解强加在我的身上。而且，他们为人被动，这会让我偶尔对他们感到厌烦。

六、和平型人格者眼中的疑惑型人格者

他们是一个奇怪的人群，我没有办法了解他们心里头想的是什么，或者说我根本不愿意去了解他们内心的真实感受。有时候，他们会表现出一副踏实肯干的样子，并且对自己所做的事情充满干劲；但有时候他们又会不断地吐槽权威者，并且对身边所发生的事情保持警惕。

我能够感受到他们内心缺乏安全感，但是说实话他们总是这样把不安全感表现在交际中，实在是一件让人感到困扰的事情。

七、和平型人格者眼中的活跃型人格者

我很佩服他们能够不顾一切地实现自己心中的想法，他们对生活充满了好奇，并且热爱冒险，也乐于跟身边人分享自己的经历。也许，我永远没有办法找到这种大胆积极的生活态度。

不过，有可能是性格的原因，他们好像不喜欢跟我交流，因为很多时候我跟不上他们跳跃的思维，在他们眼中我是迟钝的代名词。这也难怪，毕竟他们习惯了追求冒险新颖的生活，思维自然会比我更加活跃。

八、和平型人格者眼中的领袖型人格者

我觉得他们就像是狮子一样粗暴。我承认他们拥有着出色的行动力，而且还会保护身边弱小的朋友，支持他们的不满与看法。

但他们的情绪与鲁莽让我无法与他们交流，做事情从来不顾后

果的他们很多时候会跟身边的拍档产生争执，有时候还会误伤无辜。他们的这种处事方式让我下意识地对他们敬而远之。

九型人格的翼型理论

九型人格的初学者应该秉承一个观念：每一个人都不是纯粹的某种人格类型，因此九种基本人格无法完全适用于任何一个人，只能作为对不同人群性格的基础了解。

为了进一步探索人类性格的发展与界限，心理学家以九型人格作为研究基础，创造出翼型理论——九型人格中的九种基本性格为人类主要性格，而与之相邻的性格被称之为基本性格的“侧翼”。

每一种基本性格都配有两种不同的翼型，而且同一基础性格中的每一种翼型都存在着一定的差异。而由翼型理论分化出的 18 种亚类型人格进一步优化了九种基本人格。

比如说，如果你的基本人格是完美型人格，那么与之相邻的和平型与助人型都会是你的潜在翼型。根据九型人格的翼型理论，完美型人格的翼型分别称作“主完美翼和平”与“主完美翼助人”，其所构成的不同性格进一步反映你平日真实的言谈举止与性格特征。

翼型理论的推行对九型人格起了巨大的补充作用，在同一基本性格的基础上衍生出了更多丰富的性格，使九型人格学科变得更加丰满，让每一个人都能够更好地了解自己的性格特性。

完美型人格的两种翼型

主完美翼和平：理想主义者

顾名思义，主完美翼和平的人格者的性格形成以完美型人格者的完美主义为主导，结合和平型人格者的隐士性格为辅助，这类型的人有着远大的理想，而且十分重视逻辑，处事理性。但与我们平日认知的完美型人格者不同的是，他们喜欢疏离人群，日常生活缺乏社交，比较擅长以旁观者的角度冷静客观看待问题，给人一种博学的神秘风范。

主完美翼助人：鼓动家

众所周知，助人型人格者希望自己成为无私奉献的人，而在完美型人格者的完美主义思维主导下，主完美翼助人的人格者则会展现出一种互补的性格。助人型人格者的情绪化与完美型人格者的理性相互结合，使得他们往往成为正直且富有同情心的人，他们总是怀揣着造福大众的美好愿景投入热忱的理想世界之中。

助人型人格的两种翼型

主助人翼完美：仆人

主助人翼完美的人拥有着强烈的利他心，他们以助人为己任，而且搭配上了完美型人格者的理性与严谨，使得他们在一定程度上成了具备着强烈社会良知的人民公仆。他们怀揣着对社会的大爱与自身的原则底线，将助人型人格者的奉献精神与完美型人格者的理智严谨完美结合在一起。

主助人翼成就：大度者

在社交场合上，主助人翼成就的人格者往往是人群中最闪亮的存在。他们具备着助人型人格者的热情与成就型人格者的社交能力，这两种明显的性格互相强化着主助人翼成就人格的社交能力。

在生活中，他们总是喜欢以社交或是亲密的关系为荣，所以热衷于将自己的善意无私地奉献给身边的所有人，并且通过自己出众的能力为他人遮风挡雨。跟他们相处的时候，人们总能够感受到一种安心与舒适的感觉。

成就型人格的两种翼型

主成就翼助人：闪光者

主成就翼助人的人格者秉承着成就型人格者对成功的渴望，同样也拥有着助人型人格者对他人的热情。在这两种性格的融合下，他们成了人群中不可多得的焦点。擅长在各个场合中穿梭的他们给人的印象十分开朗大方，而且具有极其强烈的自我表演欲，他们的这种性格可以让任何场合瞬间活跃起来，这种独特的魅力也让他们在社交场合上备受欢迎。

主成就翼艺术：特立独行者

在艺术型人格的艺术素养辅助下，主成就翼艺术的人格者没有纯粹成就型人格者那么活跃，他们的自我表现欲也在艺术型翼型的辅助下有所收敛。他们喜欢在自己的世界里构建属于自己的成就。他们特立独行，并且偏向于塑造独特的个人才智以及生活感悟，会把所有心思都放在精神层面的成功上面。

艺术型人格的两种翼型

主艺术翼成就：王室

主艺术翼成就的人在艺术型人格的主导下，内心情感十分丰富，而且善于思考。然而，成就型侧翼人格则又为他们提供了社交的能力。因而，这个亚类型的人具有过人的才艺与志向，并且在工作方面也富有创造力与灵气，在别人看来他们更像是有勇有谋的王室贵族。

主艺术翼理智：吉卜赛人

以艺术型为主导、理智型为辅助的亚类型人被称为吉卜赛人。这两种人格者都偏向独处，而缺乏社交能力。因此，主艺术翼理智的人格者不喜欢社交，却有着惊人的洞察力。他们的性格中融合了艺术型人格者的艺术性与理智型人格者的洞察力，因此他们也具备了惊人的创造力。

他们不在意他人的感受，会一直忠实于内心所想，正如吉卜赛人一样不管他人的目光，而是忠于自己的信仰。

理智型人格的两种翼型

主理智翼艺术：非主流者

跟主艺术翼理智的人一样，他们十分忠于内心感受，对于内心世界的变化也十分重视。他们对社会主流的一切都嗤之以鼻，其毕生的追求在于看清自己内心的本质。融合了艺术型的独特个性与理智型的好奇性格后，他们尝试着将不同的问题联系在一起，具备哲学家的才能。

主理智翼疑惑：解答者

理智型人格者倾向于知识，而疑惑型人格者倾向于质疑，两者存在着互补的关系：疑惑型人格者的性格过于焦虑，毕生都深陷质疑之中，主理智翼疑惑的亚类型人则为纯粹的疑惑型人格者的质疑提供了答案。他们是 18 种翼型中最恐惧社交的类型，但是这并不妨碍他们拥有惊人的理性——疑惑型人格者的质疑让理智型人格者的理性和分析能力得到了充分发展的平台，这使得他们拥有着睿智的人生。

疑惑型人格的两种翼型

主疑惑翼理智：防御者

这种亚类型的人格者拥有着疑惑型人格者的质疑与恐惧，但在理智型人格的辅助下又拥有着强烈的感知能力，所以当他们感受到身边的威胁的时候，总是能够利用理智型人格者的感知能力退避三舍，而当他们接纳某种权威后又能够焕发出惊人的专注力与洞察力。

主疑惑翼活跃：幽默者

这种亚类型的人格者健康程度最高。本对于生活缺乏安全感的疑惑型人格者受到活跃型人格的影响，从而变得兴趣广泛、平易近人。他们拥有一定的社交能力，而且疑惑型人格的主导使他们学会察言观色，经常以幽默的方式化解身边的烦恼，处事轻松自如。

但是，独处的时候，他们又很容易陷入沉思与质疑之中，但一觉过后便又能够恢复到快乐的模样。

活跃型人格的两种翼型

主活跃翼疑惑：交际家

他们是最具备交际能力的亚类型——具备了活跃型的社交能力以及疑惑型渴望从他人身上获取安全感的部分。所以，他们总是会主动地去结识不同的朋友，而且这类型的人喜欢开玩笑，具有过人的娱乐精神。把娱乐精神与疑惑型的纪律性完美结合后，他们又会化身成为他人身边最靠谱的伙伴。

主活跃翼领袖：热血青年

要论行动力，主活跃翼领袖的亚类型人格者可以算是翼型理论中的佼佼者。他们的性格结合了领袖型的冲劲与活跃型的活跃，他们拥有着无穷无尽的热情与不胜不休的进取心。无论遇到什么问题，他们都能够以坚忍的耐力与乐天的性格去面对难题。

领袖型人格的两种翼型

主领袖翼活跃：叛逆者

主领袖翼活跃的人有一种与生俱来的攻击性。他们有着最特立独行的性格——无论是领袖型对权力的渴望抑或是活跃型对美好生活的占有，都让他们成了为达到美好生活而不择手段的人。

他们做事勇猛果断，而且直击主题，他们很少顾及他人的感受，对于自己所认可的立场会毫不犹豫地支持。他们有着远大的理想，而且面对生活的挫折中始终屹立不倒。

主领袖翼和平：谦让者

相比起主领袖翼活跃的人，主领袖翼和平的人似乎更加谦和。领袖型与和平型有着强烈的冲突，领袖型的狂妄与和平型的躲避相互融合后构成了一种沉稳老练的新性格。他们虽然喜欢按照自己的想法做事，可是也会顾及他人的感觉；他们喜欢挑战，但在面对挑战的时候也会讲求方法。这类型的人能够与他人建立起亲密的关系，跟纯粹的领袖型人格者大有不同。

和平型人格的两种翼型

主和平翼领袖：享受者

和平型人格者以海纳百川著称，他们能够感受到他人的立场，也具有极其强大的共情力，实际上和平型人格者无论经过了多少人的影响，依然我行我素。因此，当领袖型的坚定融入了和平型人格的特性之中后，他们在享受生活的追求上变得更加果敢，在现实生活中也变得更加热爱平静。

主和平翼完美：慧眼者

主和平翼完美的亚类型人格者融合了完美型人格者的理想主义色彩，并且学会公正地处理身边的问题，这在一定程度上中和了和平型人格者的优柔寡断。他们能够感受到每个人的情绪，能够感知每个人的理想，也善于整合各种意见里的共识，所以他们对于别人都带着欣赏的目光，在一定程度上能够很好地挖掘他人的闪光点。

不同人格的九个发展层次

一号完美型人格的九个发展层次

追求完美的务实者：第一层次的完美型人格者属于有轻度完美主义倾向的类型，他们对自己的生活与工作都有所要求，但并不存在自我强迫的症状。他们渴望完美亦可接受不完美，习惯于把注意力放在现实生活中的他们会尝试着把事情做得更好。

充满理性的分析者：第二层次的完美性人格者讲求理性，对身边的生活与工作都规划得井井有条，他们关注身边每一件事情的走向，并且在开始一件事情的时候习惯于理性分析，并将事情的结果与过程与自己的想法相融合，从中找到自己无法驾驭的细节加以改正。

原则至上的榜样者：第三层次的完美型人格者有自己的习惯与原则，他们对于自己的生活有着严格的控制欲，并且以一种高于生活、俯视生活的姿态去看待自己的每一天。他们会以导师的身份去要求自己，也以导师的目光去要求身边的人。

现实生活的改造者：第四层次的完美型人格者对生活中的一些小瑕疵经常感到不满，并且发现了自己梦想中的生活和现实经常发生碰撞，但他们并不抱怨生活，而是想方设法让生活朝着更加美好的方向发展，并愿意为此身先士卒地投入。

内心充满秩序的人：第五层次的完美型人格者内心建立起了属于他们自己的一套制度，这套制度会随着阅历而不断优化。他们在生活中的举手投足都逐渐偏向于内心的这一套制度，并且开始以这套制度去评判他人。

务求完美的批判者：第六层次的完美型人格者会对身边的事物进行批判。这时候的他们已经成了别人眼中吹毛求疵的存在。他们的眼里容不下沙子，习惯在生活的每一个细节中追求完美。

自我中心的叛逆者：第七层次的完美型人格者将内心的秩序当成了身边整个世界发展的最终目标，甚至他们看待世界的目光也变成了禁锢自己灵魂的教条。他们觉得只有自己的见解才是完全正确的，而别人的行为如果跟自己的认知有所出入则会放大他人的错误，久而久之他们开始愤世嫉俗。

心口不一的伪君子：第八层次的完美型人格者惨遭强迫症的折磨，他们一方面想要保持完美的性格与形象，另一方面又对眼前的大部分事情都感到不满，于是他们始终处于挣扎状态。

暴躁的破坏者：第九层次的完美型人格者已经对他人有着严重的影响。在他们看来，身边所有的瑕疵都是对他们的伤害，所有犯错的人都是生活中的罪犯，他们会想方设法地对那些犯错的人进行报复。他们在追求完美的同时也放弃了自己一直以来塑造的完美形象，性格彻底崩坏。

二号助人型人格的九个发展层次

奉献者：第一层次的助人型人格者具有与生俱来的爱心，他们的付出从来不求回报，都源自内心的驱使。

关怀者：第二层次的助人型人格者对身边人始终展现着无微不至的关怀，也具备了与受苦之人产生共情的能力。但是相比起第一层次的助人型人格者，他们所付出的面相对缩小了一点，开始把生活焦点都落在他人身上，自我感觉渐渐缩减。

赠人玫瑰的善心人：第三层次的助人型人格者允许自己用实质性的行为去帮助他人，甚至会开始对身边人进行深入了解，从而尽可能地触碰到他人的内在需求等因素。

热爱付出的热情者：第四层次的助人型人格者更偏向于通过付出与奉献去面对眼前的人际关系，他们对待陌生人以一贯热情的态度，并且开始担心自己所付出的是否能够迎合他人内心所需。一般情况下，他们总是被看作是大方慷慨的人。

萌生占据心理的人：第五层次的助人型人格者是团队里面不可缺少的部分，他们开始尝试着倾己所有地付出自己的资源，也渐渐地想要从中获取一些什么回报，比如说他们在帮助他人的前提下也会尝试着影响他人思维和施加主观意见等行为，借着热情的名义满足内心开始萌芽的自我意识。

自大的救世主：第六层次的助人型人格者会有这样的想法：自己明明付出了所有心血去帮助他人，到头来竟然被人看成是理所当然。这时候，他们便陷入了性格的怪圈，一方面依旧为他人热情奉献，而另一方面则开始计较自己的付出，并且认为别人缺乏了自己的付出便无法做好事情。

妄图操控人心的人：由于付出长期得不到应有的回报，或者是他们内心想要的回报与现实的收益不相等，因而第七层次助人型人格者的内心开始失衡，他们在为别人付出的过程中往往带有攻击性，甚至将自己摆在了不可或缺的位置上。

施加压力的操控者：第八层次的助人型人格者尝试着以付出的名义去威胁、欺压他人，当他们发现别人的需求以后，便会尝试着以“你要是没有我试试看”“没有我你什么都做不好”之类的态度去对待他人，从而利用向他人施压的方式来证明自己的存在和价值。

心理疾病者：第九层次助人型人格者的性格特征已经远远超出了原来二号型人格的范畴，他们无法满足自己的内心所需，因而在付出以后会抱怨他人，因此而导致自己出现焦虑、歇斯底里等行为，从而容易患上心理疾病。

三号成就型人格的九个发展层次

怀抱真诚的有为青年：第一层次的成就型人格者的性格并不如我们看来的那么突兀。他们醉心工作，但并不会因为他人的目光而改变自我。他们相信自我成长，相信努力带给自己的价值，是社会上为数不多的积极分子。

充满自信的人：第二层次的成就型人格者会为了谋求他人的认同而努力。他们相信自己通过努力能够获得他人的认同，并且愿意为之努力。因此，他们大多都十分自信，并且愿意为了未来发展而培养自信。

非凡的杰出者：为了进一步培养自己的自信，维护自身的良好感觉，第三层次的成就型人格者需要不断地创造价值来增强自己的存在感与成功感。事实上，拼搏的特质也为他们迎来了许多成就，更有甚者成了某领域的模范。

充满好胜心的人：在第四层次中，成就型人格者开始跟身边的人攀比，并且主动切断自己跟他人之间的真实情感，将人与人之间的关系分成竞争关系与合作关系两种。他们享受超越他人的快感，并且为之而不断奋斗。

实用主义者：第五层次的成就型人格者有着自己对世界的见解，并且对于人际关系的实用性有了更大的需求。他们以需求和实用性去结识和筛选伙伴，甚至把身边的人都当作是精美的商品，学着跟看似“有用”的人交往。

推销自我的自恋者：第六层次的成就型人格者从他人的眼中塑造自我，他们要把别人眼中最成功的形象用在自己的身上。但在这个过程中，他们也会感到焦虑，害怕他人看穿自己真实的模样，因此他们会自我推销，希望别人能够从他们的推销中觉得自己是成功的人士和优秀的化身。

自我形象的维护者：当人太过于在乎自己的得失时，他们自然没有办法很好地接受自己的失败。第七层次的成就型人格者便是如此，他们宁可夸大自己的成就，以欺骗所有的人，甚至欺骗自己，也必须要保持最完美的形象，好让自己能够维持内心的优越感。

欺骗大众的表演者：第八层次的成就型人格者相比于第七层次更甚，谎言是他们与世界的最大连接。他们通过各种方式去推销自己，让别人看到自己与众不同并且高于众人的一面，并且逐渐成瘾。渐渐地，他们开始厌恶真实的自己，沉迷在谎言之中无法自拔。

破坏一切的小人：在第九层次的成就型人格者看来，所有比他们强的人都是对自己的侮辱。这个层次的成就型人格者有强烈的报复心，他们已经不肯去提升自己超越他人，而是不择手段也要毁掉比他们强大的存在，这层次的人群具有一定的危险性。

四号艺术型人格的九个发展层次

灵活的创新者：第一层次的艺术型人格者是少有的通过潜意识寻找生活动力的人群。他们很早就懂得如何去倾听内心的声音，也懂得如何去面对自己的情绪，他们具备惊人的创造力，并且对身边的所有事物有着极高的敏感度。

三省自身的观察者：第二层次的艺术型人格者通过冥思去尝试着了解最真实的自己。实际上，当他们试图寻找自我的时候，他们便懂得了如何去反思与自省，甚至会让他们远离自己熟悉的领域，通过新事物的刺激完善他们对自我的认知。

真挚的自我表达者：无时无刻在寻找自我的第三层次艺术型人格者会寻找他人对自我的认同，在有意无意间会袒露自己最私人的部分，并且脱下自己虚伪的面具。他们对于自身的瑕疵或理性都十分诚实，是忠于自我的个体。当然，他们展示自我的同时也希望他人对他们坦诚以待。

追求美感的想象者：第四层次的艺术型人格者渴望表达，渴望利用自己丰富的想象力去表达情感。他们把自己看作是具有艺术家气质的人，大多数时间都沉浸在自我的想象之中。即使他们没有足够的能力去创造深刻的作品，依然会尝试着让生活变得更加美好，更加契合他们的想象。

浪漫的唯美主义者：第五层次的艺术型人格者沉迷于自身的表达，他们开始觉得世界上太多的纷扰会对他们的自我意识进行干扰，于是变得沉默、害羞，他们的意识变得自我化，并且性格忧郁。他们想要如往常一般敞开心扉表达自己，但又害怕自己会遭到嘲笑。

格格不入的例外：随着对自我的深入了解，他们的社交能力以及业务能力很可能会因此而落后于人。渐渐地，第六层次的艺术型人格者成了人群中的“例外”，在他人看来他们孤僻、偏执，但他们并不在意他人的目光，杜绝按部就班。

人格分离者：第七层次的艺术型人格者希望能够在独立的空间中实现自我意识。他们依赖着自我与梦想之间的连接，并且朝思暮想希望能够达到自我实现。

情感的奴隶：第八层次的艺术型人格者长期与现实隔离，因而他们脑海中许多没有得到现实生活及时反馈的幻想会渐渐走偏，久而久之会形成对自我的责备，犯下了那么多的错、浪费了那么多的时间之类的骂名会落到他们的头上，他们自我批判、自我轻视，一方面他们寻找自我，另一方面又不断批判着自我。

走向毁灭的人：第九层次的艺术型人格者对自己感到失望，尤其是在深入探索自我那么长时间后，他们看到的是极度的情感痛苦，他们开始利用酒精去麻醉自己，并且开始想到毁灭自己，他们想要摆脱自己，但最后却发现无能为力。第九层次的艺术型人格者具有极强的自残倾向，需要尽早接受心理医生的治疗。

五号理智型人格的九个发展层次

看穿生活的思考者：第一层次的理智型人格者有一种能够轻易触碰抽象概念的能力以及深刻的洞察能力。同时，他们能够很好地理解生活中每一件事情的内在逻辑，也具有极强的创造力。

细腻的洞察者：由于他们与生俱来的洞察力和后天培养的分析能力，第二层次的理智型人格者具备着从事物表象看透本质的能力。同时，对知识的渴望以及对学习的热情让他们对身边任何事物的复杂性都有所敬畏。在这个阶段，他们更多是谦卑的观察者，低调而努力地吸取着知识。

领域的佼佼者：第三层次的理智型人格者对自己的洞察力与分析能力有自信，但同时也是这种自信使他们更加依赖自己的能力。于是，他们开始专注于一个领域进行钻研，并且从持之以恒的学习中获得成就。事实上，这一层次的理智型人格者大多都是某领域的佼佼者，为领域发展带来极大的推进作用。

理性的知识专家：第四层次的理智型人格者与第三层次有一个明显的差别，那就是第三层次的人群明显能够得心应手地运用自己的能力，而第四层次的人群则担心自己的水平不足，并且逃避自己无法改变的范畴，逃避与世界的接触。所以，第四层次的理智型人格者会将所有的精力用于学术研究，有自己的一套知识体系。

逃避的理论学者：第五层次的理智型人格者会感受到内心的不安全感，并且将他们的学术研究小众化。他们不再对钻研领域外的事物有兴趣，并且他们很可能会减少观点的输出，而投身于更加晦涩的理论研究当中。

世俗的挑衅者：在第六层次的理智型人格者看来，身边的人对于真正的学术与知识都不具备一颗敬畏的心，因而他们开始变得愤世嫉俗，有时候更是无意识地夸大自己的言辞。实际上，这种不健康的性格衍生主要还是源自他们害怕自己的观点无法影响他人，从而出现想方设法强化自己观点，诋毁他人的行为。

孤独的人：为了让自己对生活有着绝对的把控能力，第七层次的理智型人格者会更加下意识地与他人保持安全的距离。久而久之，他们对于身边人会衍生出一种莫须有的对立态度。他们在独处之中变得越发孤独，甚至因为自我怀疑的加重而对生活感到恐惧。

独处的逃离者：第八层次的理智型人格者由于长期与世隔绝，因而思想得不到任何反馈，从而使得他们的所思所想开始渐渐失去了底线与原则。这时候的他们对于现实生活有着一种下意识的逃避，甚至可以长时间独处一室不出房门。

潜在的精神分裂患者：最后一个层次的理智型人格者已经无法区分现实与思想，或者说他们已经在潜意识中断绝了与现实世界的一切联系，他们终日沉醉思考之中，并将自己内在的思想分成无数碎片，导致精神分裂。

六号疑惑型人格的九个发展层次

生活的勇士：第一层次的疑惑型人格者的认知跟权威并没有太大的偏差，他们很少会怀疑自我，对自己的所作所为都有信心。他们坚毅且拼搏，具备正面的思维方式。

百搭的伙伴：第二层次的疑惑型人格者察觉到那些支撑他们保持自信的力量正在慢慢流失。他们害怕被伤害、被孤立，于是向外面的生活索取安全感。这时候的他们真诚待人，是身边人值得信赖的朋友。

忠诚的朋友：值得信赖的伙伴是第三层次的疑惑型人格者最为缺少的伴侣，一旦找到了某些值得信赖的对象，他们会对对方无条件地忠诚。他们开始站在权威者的立场上思考，并且利用他们对细节的洞察力与自身的能力为权威者创造利益。

竭尽全力的专一者：第四层次的疑惑型人格者对身边的一切都有所质疑，他们极力索求安全感，虽然他们依然对权威者有着一种认可的态度，但是已经对自己的处境、所做的事情感到威胁，他们需要在绝对安全的位置上才能够释放出最好的能力和做出最佳表现。

迷茫的落魄者：对于身边所有事物的质疑以及对权威者的忠诚两者之间的无法精准度量，使得第五层次的疑惑型人格者陷入了心理矛盾之中。一方面，他们开始对权威和所有事物感到质疑，另一方面，他们又对权威者保持忠诚。随着两难境地的升级，他们往往会产生一种悲观的情绪，并且伴随着一些过激的反应。

叛逆的革命者：第六层次的疑惑型人格者对权威感到恐惧，他们在内心完全失去了安全感，就连身边人的一举一动都会引起他们的质疑。他们开始自我鼓励，开始质疑权威。为了满足内心对安全感的需求，他们会将生活中的每一件事情都当作是斗争一般面对。

抓住救命稻草的人：第七层次的疑惑型人格者失去了第六层次的特征，一反常态对身边的权威者进行阿谀奉承。他们竭尽全力为权威者服务，希望他们所认可的权威能够平复他们内心对安全感的需求。

失控的焦虑者：第八层次的疑惑型人格者无法驾驭内心的焦虑

与不安全感，患上了“被害妄想症”，无论是思维还是行为都变得神经质。他们变得不再卑微，而是对身边的所有事情都充满敌意，同时也充满了恐惧。

堕落的自虐者：第九层次的疑惑型人格者以一种“破罐子破摔”的态度去面对生活。他们为了不让他人对自己表示质疑，选择自我堕落，甚至退出了生活，将自己放在一个孤立的位置，或是干脆以一种自我惩罚的方式去面对生活，对心灵进行自虐。

七号活跃型人格的九个发展层次

生活的欣赏者：第一层次的活跃型人格者是生活中最大的赢家，他们不会想着向生活索取些什么，而是享受生活中每时每刻的美好。在他们的眼中，哪怕是蔚蓝的天空、洁白的云朵或是暖和的阳光都是生活赐予他们最好的礼物，所以他们热爱生活，也愿意用时间去鉴赏生活。

乐观积极的人：客观和热情是第二层次的活跃型人格者最大的特点。他们在生活里感到自己时刻是快乐的，也会朝着快乐的方向不断进发。由于习惯对生活敞开心扉，所以他们之中大多数都有着过人的才智，对生活的方方面面也有着敏锐的触觉。

耀眼的才艺者：第三层次的活跃型人格者可能感到内心快乐源泉会干涸，又或者说他们对于快乐的需求与依赖变得越来越多，因此他们从生活中索取认可和满足，在各个领域中索取新鲜感。在这个过程中，让自己成为全能型人才的想法渐渐出现在他们的潜意识中。

杰出的欣赏者：第四层次的活跃型人格者感受到不同领域中都藏着美好与新鲜感，因而他们变得贪婪起来，想要让自己在生活中拥有更多的快乐，于是他们在各个领域浅尝辄止，以获得生命中更多的可能性。

恐惧寂寞的活跃者：老实说，活跃型人格者最恐惧的便是无聊以及无事可做，第五层次的活跃型人格者习惯将自己放到任何领域中，让各领域的新鲜感不断地刺激自己的感官和精神状态，并且对外部索取快乐产生了依赖。

过分追求享乐的人：第六层次的活跃型人格者一方面以向外索取的方式满足自己对快乐的追求，另一方面由于内在的空虚而衍生出焦虑情绪。他们对享乐的定义不断提升，对自己精神世界的需求也越来越高，甚至出现过度享乐的情况。

逃避现实的享乐者：第七层次的活跃型人格者已经无法享受各领域为他们带来持续的新鲜感了。他们只能够在不断的“挖坑”中感受一瞬间的快感，随后枯燥与空虚便将他们的内心侵蚀，使得他们渐渐开始逃避现实。

强迫症患者：第八层次的活跃型人格者内心的焦虑和抑郁已经远远超过他们从外部索取的满足和新鲜感了。他们的行为和情绪变得不受控制，往往在几分钟内他们的情绪能够发生好几种变化，行为让人无法理解。

惶惶不可终日者：当他们完全没有办法从外在世界里索求新鲜感的时候，他们迎来了内心一直以来压抑着情绪爆发的瞬间。他们经常会感到无故惊恐，长期处于抑郁的情绪中，第九层次的活跃型人格者需要长期接受心理检查。

八号领袖型人格的九个发展层次

高格局的成大事者：第一层次的领袖型人格者属于个性解放初期的体现，他们对身边的人与事都抱有一种宽容的态度。他们不仅仅能够很好地接纳身边的人和事，也会以自己的能力去帮助有需要的人，并做好手头上的每一件事情。

充满自信的奋斗者：在成功的累积下，第二层次的领袖型人格者慢慢地在一次次的成功中累积到了自信。他们变得越来越果断，对自己的决定也报以足够的期望。

活跃的挑战者：第三层次的领袖型人格者会关注他们身边的事物是否能够给他们带来回报。自信使得他们开始去寻找一些能够给他们带来收益的事情，并且对高难度的挑战感到热血沸腾。

充满冒险精神的实干者：在社会上我们所遇到的领袖型人格者大多数都处于第四层次之中。他们喜欢将精力投入到工作里头，好胜的心态已经在他们的心中萌芽，他们时常会采取一些冒险的行为证明自己。

追求实权的算计者：第五层次的领袖型人格者学会了怎样收起自己的情感与自我，并且摇身一变成了实用主义者，他们十分看重手中的权力，对自己所做的每一件事都认真考虑，希望能够通过自己的一己之力创造出更多的荣誉和成就。这时候的领袖型人格者已经变成了权力的追崇者，他们的目标只剩下一个：希望成为他人眼中的成功者。

产生敌意的幻想者：第六层次的领袖型人格者会对身边的事物产生敌意，他们把身边的一切都当成是对手，无论是面对高于自己的人还是忠于自己的“下属”，都尝试着去控制、占据。当他们遭到他人的抱怨与反抗时，他们就会把彼此之间的交际看成是一场战争，甚至把所有关系都变成敌对关系。

权力的执行者：第七层次的领袖型人格者将身边大多数的人际关系都推到边缘，他们开始认可强权的重要性，并且为了达到自己的目的会尝试着利用手中的实权去欺压对手，他们渐渐不懂得如何分辨对错，而是认为只有权力的执行者才永远正确。

样样俱到的自负者：第八层次的领袖型人格者完全脱离了正常人生活的范畴，或者说他们已经从心里自行退出了人与人之间默认的秩序。因此，将自己摆在群众之外（更多时候是对立面）的他们会采取粗暴的方式证明自己的存在，并且内心的自我保护机制使他们变得自大，产生出一种自己无所不能的假象安慰自己。

受害幻想症者：强烈的自我保护意识让第九层的领袖型人格者

热衷于摧毁对手，他们在长期的高压底下很可能会出现受害幻想症，实际上他们的性格并不允许任何人加害于他们，但他们仍不惜牺牲一切去摧毁身边任何让他们感到威胁的因素。

九号和平型人格的九个发展层次

流连忘返的隐士：第一层次的和平型人格者的生活无比平和，在面对冲突或是纠纷的时候，他们往往能够尽快地平复或是全身而退，继续在自己内心的平和中享受生活的点滴。对于九型人格而言，这种情况极其罕见，这也是无数人向往的隐士生活。他们能够感受美、感受情怀、感受自然，并且身处其中乐而忘返。

共情力拥有者：第二层次的和平型人格者的自制能力由于受到了外力影响，而从出世的状态脱离。在此之前他们有很强的自我认同能力，而在环境的驱使下他们也能够很好地认同别人，对于他人的情感有一种强大的共情能力。

热爱和平的和事佬：他们对于平和的生活有着极其强烈的憧憬，但生活中总会出现各种争论，于是第三层次的和平型人格者便凭借着自己的共情能力去调停身边的争吵，成了和平的缔造者。

学会迁就的表演者：由于过于关注他人的情绪与感受，第四层次的和平型人格者宁可对身边人百般迁就，哪怕是关乎自己的切身利益，他们也愿意牺牲以避免与他人的冲突。他们对于生活的看法可以本末倒置，宁可抹杀自己的真实感受，也不愿打破生活的宁静。

逃避冲突的人：和平型人格者除了会想方设法调停争吵，也会选择逃避的方式。第五层次的和平型人格者便是如此，他们在面对有可能威胁自己内心平静的事物时，会下意识地选择逃避，产生“随便吧”的想法，甚至出现拖延的情况。

消极的隐士：第六层次的和平型人格者会为了内心的平和而消极对待身边的所有事情，他们觉得任何事情都比不上安逸，于是就衍生了“命里有时终须有”的想法，将身边所有的事情都看作是宿命。他们觉得一般的事情自己能够承受，而重要的事情自己怎么努力也没用。

挫折的内化者：第七层次的和平型人格者习惯了生活在纷扰的环境里面，他们已经不想去参与身边的纷纷扰扰，而是逆来顺受地对待所有的事物。而这种做法主要还是来自他们对于心境平和的追求，他们宁愿强行压抑自己的情绪，也不愿让生活变得纷扰。

脱离生活的麻木者：第八层次的和平型人格者因为对外事的敏感而导致内心变得神经质，于是他们将自己的主观意识完全抹去，对所有事情都置身事外，甚至会衍生逃避、一走了之的念头。

怨天尤人的自弃者：第九层次的和平型人格者的内心世界已经被现实的压力所压垮，他们对所有事情都提不起兴趣，或者喜欢冷眼旁观身边的所有事情。对于他们而言所有的争吵都无关自己，他们没有了自我，也对所有的事情都没有主见，生活从此陷入了无尽的孤独之中。

后记

一本书，百般人生。《九型人格》全书描绘了九种人格群体的主要特征，其中每一种人格都有可能成为社会上的精英，也可能成为志在山野的洒脱隐士。无论以什么身份出现在生活之中，他们都遵循着九型人格中的性格发展。

也许，读完这本书以后你从中找到了自己的影子，又或者这小小的书籍能够激起你对九型人格学的兴趣，如果这本书能够为你的生活带来一点点的改变，那么作为作者的我会感到无比欣喜。

这是一个讲求自我取悦的时代，生活的压力与惯性总是让大多数人都渐渐失去了享受生活的能力，心里总是莫名地烦躁、莫名地消极，甚至不知道为什么自己没有了开心的能力。也许，当我们了解了自己以后，便能够重新学会如何取悦自己，如何让自己在高压的生活中找到真实的自我。

这也是一个需要强强联手的时代，如何能够让别人在与自己的交际中感到舒适是当代每一个人都必须学会的技巧，这是一个时代给予我们的使命，也是我们存活于当代所需要的技能。

不管是当代还是未来，性格心理学都是社会缺乏的科学之一。俗话说："一样米养百样人"，每个人的性格都是各不相同的。但读完这本书以后，你也许会发现，其实每个人的情绪与状态都是有迹可循的。虽然，我们在日常生活中所接触到的每一个人都有着自己的经历、追求与恐惧，但这些大大小小的因素都已经被九型人格学所囊括。

我希望，通过这本书我们都能够从中找到一些切合自身的资源，或许是一份感悟，又或许是一份友谊。要知道，生活不是一件容易的事，只有真正认识了自我，才会有勇气努力走下去。

还是那句老话："认清自己，了解他人。"在这个自由且繁荣的时代里，希望每一个人都能够通过改变去取悦自己，为自己与生活架起一座畅通无阻的桥梁，在美好缤纷的生活中任意翱翔。